玻璃生产节能降耗技术问答丛书

Low-E 节能玻璃
应用技术问答

许武毅 编著

中国建材工业出版社

图书在版编目（CIP）数据

Low-E 节能玻璃应用技术问答/许武毅编著. —北京：
中国建材工业出版社，2016.3
（玻璃生产节能降耗技术问答丛书）
ISBN 978-7-5160-1377-9

Ⅰ. ①L… Ⅱ. ①许… Ⅲ. ①节能-建筑玻璃-问题
解答 Ⅳ. ①TQ171.72-44

中国版本图书馆 CIP 数据核字（2016）第 030611 号

内　容　简　介

本书以 Low-E 玻璃的节能性为线索，以问答的形式介绍了建筑玻璃节能的基本概念、光热性能参数及相关测量标准和计算软件、各种玻璃产品的特性、影响玻璃节能的因素及优化措施等，并针对实用中常见的玻璃隔声、防结露、外观光畸变、不同气候区域的节能特点等问题提出了解决建议，为设计出更适用的建筑玻璃提供了指导。

本书可供建筑设计师、幕墙设计师、建筑节能技术人员及高校建筑设计专业师生参考，也可作为玻璃行业技术和销售人员的培训教材。

Low-E 节能玻璃应用技术问答

许武毅　编著

出版发行：中国建材工业出版社
地　　址：北京市海淀区三里河路 1 号
邮　　编：100044
经　　销：全国各地新华书店
印　　刷：北京雁林吉兆印刷有限公司
开　　本：710mm×1000mm　1/16
印　　张：6.25　彩插：0.25 印张
字　　数：82 千字
版　　次：2016 年 3 月第 1 版
印　　次：2016 年 3 月第 1 次
定　　价：**89.80 元**

本社网址：www.jccbs.com.cn　　微信公众号：zgjcgycbs
广告经营许可证号：京海工商广字第 8293 号
本书如出现印装质量问题，由我社市场营销部负责调换。联系电话：(010) 88386906

总　　序

　　我离开工作岗位多年，但近五十年在行业服务的建材情结让我总割舍不掉对行业发展的关注。耳闻目睹她的进步而兴奋不已，面对水泥、玻璃严重产能过剩带来的问题也犯愁。所好的是，党和国家对经济发展有一系列明确的战略和方针政策措施，经济呈现稳中有进的良好态势。平板玻璃工业面临着转型升级、结构调整和节能减排等艰巨任务，以我之见，必须在正确定向下倾行业企业之全力，加之调动各级政府和社会力量形成之合力，才能推动、落实解决好。我想到，鼓励"读书学习"，藉以全面提高企业和职工素质，不乏是有效的一招。因此，我很高兴地同中国建材工业出版社副总编辑佟令玫女士见面切磋这个话题。她带着即将出版的《玻璃熔窑全氧燃烧技术问答》的书稿来看我，讲到出版社面对发展中的中国平板玻璃工业，深感努力担当起"服务经济建设，传播科技进步"的沉甸甸的社会责任这副担子，他们意欲组织行业内外专家学者和科技管理干部更多地编著理论和实践相结合，受行业职工和社会读者喜爱的玻璃科技书籍，我很赞成，也欣然答应为这套丛书写序表达支持。

　　这套丛书，涉及玻璃熔窑全氧燃烧技术、玻璃炉窑保温技术和Low-E节能玻璃三大方面的科技知识和技能，以问答的形式展现，我认为很实用，也很便于读者学习。在现阶段，玻璃方面的图书不多，能够高度契合行业发展需求的图书就更是少了。这套技术问答丛书，让我眼前一亮，有久旱逢甘雨的感觉。行业里真的需要更多的人参与技术和产品的研发创新，需要更多元的形式传播科技成果，需要更多有担当的企业先行示范。这套丛书，将成为玻璃行业科技成果展现的好载体。

　　看到有这么多科技专家在玻璃工业领域潜心研究，并参与图书创作编写，我感到很欣慰。秦皇岛玻璃工业设计研究院、中国南玻集团股份有限公司以及中国中材玻璃工程设计院都是对我国平板玻璃工业进步发展有重要贡献的著名科技型企业，他们的专家担纲主持编写，对这套丛书的质量和水平有了保障。我看到了玻璃行业的未来和希望，感谢他们为推动我国玻璃工业科技进步所付出的心血和努力，这种求真务实、甘于奉献的精神值得学习。我也想借此表达我对中国建材工业出版社为行业的发展做出的努力和贡献的感谢。

　　祝丛书出版发行成功！

中国建筑材料联合会　名誉会长

2014 年 7 月 20 日

一种更具时空意义的社会责任

——兼作《Low—E节能玻璃应用技术问答》出版序

在一次与本书作者许武毅先生见面交流时，我们谈到了著书立说和图书出版的话题。许武毅告诉我，过去写书这件事情想都没想过，总觉得写书是一件挺难、挺高大上的事情。写书，尤其是写专业图书，不仅需要对某个专题、领域具备系统、全面的知识，还需要站在发展的高度让图书内容具有前瞻性和指导性。写作专业图书的确是一件很严谨、很严肃的事情，不仅具体内容不能有错误，还得站在读者和使用者的角度替他们负责任，要经得起市场的评头论足。

过去人们常说教书先生如果水平不高就会误人子弟，其实一本图书也可以看成是一个"教书先生"，读者或者相关人员读了一本专业图书是希望从中获得知识、技能以及帮助、思考等，尽管一本书不可能包打天下帮助解决所有相关问题，但是至少要开卷有益。从这些角度看，写书确实是一件挺难、挺严谨的事情。

站在读者和社会的角度看问题，相对于其他形式的文字，因为图书更加强调要具有严谨性、系统性、权威性和专业性等特性，图书内容质量的高下就不仅仅是作者一个或者几个人的事情，而是成为一种社会责任感的体现。一本好的专业图书，小而言之可以给读者带来具有很好针对性的帮助与提升，大而言之可以给企业和产业的技术经济进步带来帮助和指导，因此可以说，写作一本好的专业图书至少体现了作者具有良好的社会责任感。这种责任感不仅仅包括作者的严谨性，体现在作者对于专业和读者负责任的态度上，也体现在作者通过自己的辛勤劳动将自己多年累积的知识、经验甚至于教训通过精炼的文字传播给社会的无私奉献精神上。

写书需要时间，需要作者牺牲不少休息时间，包括对于知识点的梳理、结构和逻辑的推敲、语言文字的拿捏把握等等，都是很消耗心力的。

相对于院校科研机构的作者而言，来自于实业界的专家要写作一本专业图书，他所付出的时间和精力要更多。来自企业和社会的专家、作者这些年来随着出版的开放也逐步多了起来，这是一件好事情，是社会进步的一个侧面反映。与东拼西凑、天下书籍一大抄、过多着眼于商业目的而成就的图书相比，写作具有良好质量内容的专业图书，对社会而言其实是一件难以量化的善举，受益的人群具有空间大、时间久的特点。这样的社会责任体现的越多越好，这样的专家作者越多越好。

本书作者许武毅先生既是相识多年的老朋友，更是国内加工玻璃和建筑节能领域里的知名专家。因为他本人既要忙于南玻企业的事情，又有不少社会兼职，编著这本《Low-E节能玻璃应用技术问答》图书，肯定是花费了他不少的时间和心血。如果更多的读者能够从阅读本书中受益，不管是加工玻璃企业、还是建筑设计和建筑施工领域的读者，以及工程甲方甚至于一般消费者，如果能够因本书而受益的话，其实就是对于作者所付出时间和心血的最好回报。

顾名思义，Low-E节能玻璃是一种具有很好节能效果的加工玻璃产品。使用Low-E节能玻璃做成的门窗，不仅可以很好地提高居住舒适度，对于社会而言，更有助于实现建筑节能的大目标。现实的问题是，对于Low-E玻璃的优良性能和采用Low-E玻璃的重大意义，不仅是普通消费者了解不多，即便是建筑设计和建筑施工等专业领域乃至于相关政府机构领域里也有不少人对此是缺乏了解的。

持久地抓好建筑节能工作，是一种历史责任。普遍地、全面地尤其是着眼于既有建筑节能改造以及中小城镇、农村地区推广使用Low-E玻璃，对于当前以及今后而言，也是扩大国内消费，适应社会消费转型升级的要求，不仅利在当下，利在扩大内需，也是具有长期历史意义的另一种社会责任。

中国建材工业出版社　社长兼总编辑

前　言

　　1985 年读薄膜物理专业研究生的时候，我对这个专业几乎一无所知，没想到这竟成为我踏入建筑玻璃制造业的开端。从事建筑玻璃行业已近三十年，它对于我已经不仅仅是一份职业，而是一种融化在血脉里的挚爱和情怀，因此有了老许走到哪儿把玻璃讲到哪儿的趣谈。

　　近几年，在玻璃行业年会上结识了中国建材工业出版社佟令玫女士，并参加了两次出版社的新书首发仪式，看到昔日的老友们纷纷出版专业书籍，深为他们的敬业精神所感动，觉得自己多年来在玻璃制造与设计应用之间营造的"技术服务"环节，如今已积累了丰富的知识和经验，若能传递给行业里的新生代，哪怕仅起到抛砖引玉的作用，也是对行业的诚挚贡献。加之夫人一再鼓励我著书立说，于是应允了佟女士的写作之约。

　　这是一本写给建筑设计师、玻璃幕墙设计师、玻璃行业技术人员、高校建筑设计专业学生的建筑节能玻璃应用技术引导书。书中汇集了我在从事建筑玻璃的生产研发、节能应用研究、用户技术咨询、销售人员培训等工作中遇到的许多相关的问题，并以 Low-E 玻璃的节能性为线索，从节能的基本概念、常用建筑玻璃产品的性能、影响玻璃节能效果的因素、幕墙玻璃设计中应注意的问题、建筑使用功能及气候对选择玻璃的影响等方面，归纳出 100 个问题解答。

　　对于建筑设计师，本书可以帮助他们了解建筑玻璃的产品特性、设计中应注意的问题；对于玻璃行业的销售人员，本书有助于提升他们对玻璃产品的技术认知水平；对于高校建筑专业的学生，这是一本通俗易懂的建筑玻璃知识读本。写作中我力求由浅入深、贴近实用，衷心希望能如所愿。

笔耕一载，欣然成书，本书的写作中曾得到广东省建筑科学研究院杨仕超教授、我的同事黄成德博士的帮助，在此一并表示感谢。

谨以此书献给：我挚爱的玻璃行业、我职业生涯的舞台中国南玻集团、我的夫人吴萌女士。

中国南玻集团股份有限公司工程玻璃技术服务总监、高级工程师

2016 年 2 月

作者简介

 许武毅，男，汉族，1957 年 5 月生，研究生学历，薄膜物理学硕士，高级工程师。

1982 年 1 月毕业于西北工业大学，应用物理专业，获本科学位；1988 年 7 月毕业于陕西师范大学，薄膜物理学研究生，获硕士学位。

本人参加工作后曾从事中学物理、大学物理教学工作。1989 年 11 月进入中国南玻集团股份有限公司，曾任镀膜工艺工程师、研发部经理、品控部经理、营销部经理等职务，现任南玻工程玻璃技术服务总监。

自 1989 年起从事建筑玻璃制造，建筑节能玻璃应用研究，尤其是 Low-E 节能玻璃的应用研究。1997 年起在国内大力推广宣传 Low-E 节能玻璃，编写技术资料发表技术文章推广节能玻璃应用；参与了建筑玻璃应用、玻璃幕墙规范、建筑节能设计等国家标准的编制及住建部门窗节能性能标识工作；曾任多项大型工程如央视新大楼、广州西塔、深圳证券大厦等项目的幕墙玻璃顾问；兼任行业工作如下：

住房和城乡建设部建筑制品与构配件标准化技术委员会　委员
住房和城乡建设部建筑门窗节能性能标识专家委员会专家　委员
全国建筑幕墙门窗标准化技术委员会（TC448）　委员
全国建筑玻璃用玻璃标准化技术委员会（TC255）　委员
中国建筑玻璃与工业玻璃协会中空玻璃专业委员会　主任
中国建筑金属结构协会铝门窗幕墙委员会　专家
中国建筑装饰协会幕墙工程委员会　专家

目　　录

第一章　基础知识

 1. 低辐射镀膜玻璃是用什么方法制造的？

低辐射镀膜玻璃是通过物理或化学方法在玻璃表面镀制具有低辐射率性能的薄膜制成的，简称低辐射玻璃，英文为 Low Emissivity Coating，因此也称 Low-E 玻璃。目前商业化制造 Low-E 镀膜玻璃的成熟工艺技术有真空磁控溅射工艺（物理方法）和化学气相喷涂工艺（化学方法）。

 2. 什么是"在线 Low-E 玻璃"？它有什么特点？

"在线 Low-E 玻璃"是在制造浮法玻璃的生产线上，在玻璃成型的高温区采用化学气相喷涂技术镀制的 Low-E 膜，由于镀膜过程是在制造平板玻璃的生产线上完成的，因此称这种技术制造的低辐射玻璃为"在线 Low-E 玻璃"，其低辐射功能层是半导体化合物。在线 Low-E 膜的优点是：在高温玻璃表面制成的膜与玻璃结合牢固、耐划伤，因此也称为"硬镀膜"，可单片使用；其缺点是：膜层厚度控制精度差，无法制成多层干涉膜系从而有选择地控制透过膜层的太阳能光谱，且膜层的反射颜色单一，辐射率偏高（大于 0.15）。

 3. 什么是"离线 Low-E 玻璃"？它有什么特点？

"离线 Low-E 玻璃"是由真空磁控溅射镀膜生产线制造的，其原理是在真空环境中通过负高电压和工作气体形成的等离子体将固体材料（靶材）转移到玻璃表面淀积成薄膜，工作气体为氩气时淀积的膜与靶材料相同，工作气体为氧、氮等活性气体时淀积的膜为靶材料与气体反应生成的化合物。一般的镀膜玻璃生产线都配置有多个不同的靶材，可以连续镀制不同材料的独立膜层并叠加成多层复合薄膜。由于镀膜过程是在独立的镀膜玻璃生产线上完成的，因此称为"离线Low-E 玻璃"，其中的低辐射功能层是金属银层。其优点是：膜层厚度控制精准，可制成多层光学干涉膜系从而有选择地控制透过膜层的太阳能光谱，且膜层的反射颜色多样可调，辐射率低（小于 0.15）；其缺点是：膜层硬度差、不耐腐蚀，因此也称为"软镀膜"。需要说明的是，目前最新技术生产的离线无银 Low-E 膜具有耐磨、耐腐蚀的特性，因此膜层可朝向室内使用，简称无银 Low-E 膜、室内面Low-E 膜。

 ## 4. 什么是玻璃的表面辐射率？

"辐射率即半球辐射率（Hemispherical Emissivity），是辐射体的辐射出射度与处在相同温度的普朗克辐射体的辐射出射度之比。"这是国家标准《镀膜玻璃第 2 部分：低辐射镀膜玻璃》（GB/T 18915.2）的定义。玻璃的表面辐射率就是玻璃的半球辐射率，是衡量玻璃表面吸收辐射能量达到平衡后再向外辐射能量的能力，辐射率低意味玻璃表面吸收和向外辐射能量的水平低，通俗地讲就是吸热少再向外放出的热量也少。普通玻璃的表面辐射率高达 84%（即 0.84），Low-E 玻璃镀膜面的表面辐射率低于 15%（即 0.15）。

 ## 5. Low-E 玻璃为什么节能？

Low-E 玻璃对节能的贡献从两个方面体现：一方面 Low-E 膜可以降低玻璃表面与空气之间的热量交换，减少玻璃两侧因温度差而引起的热量传递（即温差传热），这会降低玻璃的温差传热量；另一方面 Low-E 膜能有效反射太阳辐射，从而限制太阳照射透过玻璃的辐射热能（即辐射传热），这就降低了透过玻璃的太阳热能。Low-E 玻璃正是通过这两个途径降低透过玻璃的热量从而体现出节能性的。在实际应用中，Low-E 玻璃一般被制成中空玻璃、真空玻璃等结构使用。

 6. 辐射率与反射率、透射率有什么关系？

外来辐射照射到玻璃表面时，一部分辐射能量被玻璃反射出去，一部分辐射能量被玻璃吸收、一部分辐射能量直接透射过玻璃，根据能量守恒定律这三部分的能量之和应该等于入射辐射的能量，用等式表示就是：

反射率＋吸收率＋透射率＝100％

当达到平衡状态时吸收多少就向外辐射出多少，因此有：

吸收率＝辐射率

如果透射率为零（或非常低），则辐射率越低反射率必然就越高，这意味着多数辐射能量被反射出去而未被吸收。

 7. 自然环境中有哪些热能形式？各有什么特点？

自然环境中与玻璃节能有关的热能有两种形式：太阳辐射、远红外热辐射。

太阳辐射仅来自室外，其中除了可见光外还包含大量的红外线热辐射，对玻璃而言，在透光的同时太阳热辐射也会随之透过并进入室内，夏季这部分热量会消耗空调的电能，冬季这部分热量有助于室内采暖。是否需要限制它以及限制多少合适与建筑物所在的气候区域和使用功能有关，建筑节能设计标准会给出规定。

远红外热辐射一般是指波长大于 $2.5\mu m$ 的辐射，有温度的物体都会向外发出热辐射，温度越高发出的热辐射越强人体感受越热（图 1 中虚线分别是 $40℃$ 和 $100℃$ 黑体辐射的光谱曲线）。室内、室外都存在着远红外热辐射，但不同季节里室内、室外存在的远红外热辐射量值差异非常大。

8. 室外的远红外热辐射来自哪里？

　　室外环境中的远红外热辐射间接来自太阳，太阳照射大气、地面、道路、建筑物后被吸收并使其温度升高成为热辐射源，再散发出来的热辐射的波长远大于太阳辐射的波长范围，如图1中曲线覆盖的范围。通俗地说吃进去再吐出来性质就变了，吃进去的能量波长短，吐出来的能量波长变长，已经不是原来的形式了。夏季它是除太阳外来自室外的另一个主要热源。

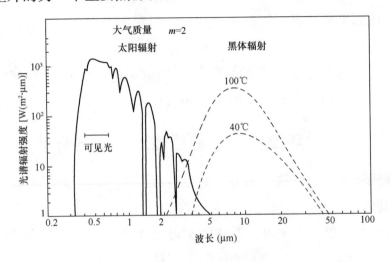

图 1　太阳辐射光谱曲线和黑体辐射光谱曲线示意图

9. 室内的远红外热辐射与室外比哪个更强？

　　室内的远红外热辐射是由暖气、人体、家用电器等热源产生的。冬季室外温度远低于室内，室外环境中的远红外热辐射非常微弱，与室内相比几乎可以忽略，此时保持室内的热能不外泄是节能的主要目标。夏季室内的远红外热辐射由家用电器、人体、吸收太阳照射能量和环境热量的家具及墙壁等发出，通常情况下室外的远红外热辐射远远强于室内，阻挡室外的远红外热辐射进入室内是节能的主要目标。季节不同远红外热辐射传递的方向（向内或向外）也随之变化，但是无论什么季节限制远红外热辐射透过玻璃传递都是节能的根本目标。

 ## 10. 远红外热辐射是如何透过玻璃的？

图 2 是普通 6mm 透明玻璃的光谱透射率曲线，曲线在波长 2.9～4.5μm 区间非常低，表明该波段红外辐射的透过率很低；而在波长大于 4.5μm 之后的区域曲线为零，则表明长波热辐射不能直接透过普通玻璃。那么远红外热辐射又是怎样透过玻璃的呢？实际上普通玻璃几乎全部吸收了波长大于 4.5μm 红外热辐射，绝大部分地吸收了波长 2.9～4.5μm 区间的热辐射，吸收这些辐射能量后玻璃温度升高成为辐射源，并再次向玻璃两侧散发（辐射）出热量，因此这部分热量最终还是部分透过了玻璃，只不过是以先吸收再辐射的方式透过玻璃的。

对比图 1、图 2 可以看出，普通透明玻璃在波长范围 0.3～2.9μm 区间具有高达 80% 以上的透射率，而这个区间恰好完全覆盖了太阳辐射的波长范围 0.3～2.5μm，这说明太阳辐射几乎可以不受限制地透过。普通透明玻璃的特性决定了它既不能降低温差传热也不能限制太阳热量透过，因此是完全不具有节能性的建筑材料。

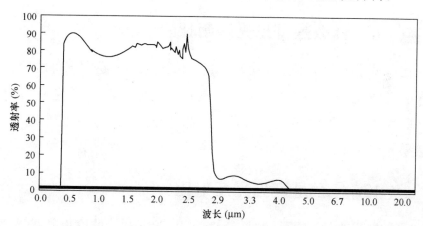

图 2　普通 6mm 透明玻璃光谱透过曲线

11. 太阳辐射中包含哪些能量？

太阳辐射（也称太阳光、阳光）包含三部分辐射能量：紫外线、可见光、红外线辐射能量。

紫外线辐射，波长 $0.3 \sim 0.38 \mu m$，能量约占太阳辐射总能量的 3%。其特点是人眼不可见、长时间照射会灼伤皮肤、具有杀菌作用、会使高分子化合物降解等。

可见光，波长 $0.38 \sim 0.78 \mu m$，能量约占太阳辐射总能量的 47%。其特点是人眼可见，但不是热量的主要载体。不同波长的可见光具有不同的颜色，从长波到短波依次呈现出红、橙、黄、绿、青、蓝、紫色。镀膜玻璃呈现出不同的颜色正是利用了光的干涉技术使反射光的波长不同实现的。

红外辐射，波长 $0.78 \sim 2.50 \mu m$，能量约占太阳辐射总能量的 50%。其特点是人眼不可见但热感强烈，是太阳热能的主要载体、影响建筑节能的主要因素。

总之，太阳光中的光能和热能约各占一半，紫外线能量与节能几乎无关。

 ## 12. 什么是可见光透射比？

在可见光光谱范围（波长 $0.38 \sim 0.78 \mu m$），透过玻璃的光强度与入射光强度的比值，以符号 T_{vis} 表示，通常也称"透光率"，是反映玻璃的透光程度的参数。透光率越高透过的光越多，更有助于室内自然采光。

 ## 13. 什么是可见光反射比？

在可见光光谱范围（波长 $0.38 \sim 0.78 \mu m$），玻璃反射的光强度与入射光强度的比值，以符号 R 表示，通常也称"可见光反射率"或"反射率"，反映玻璃反射可见光的程度。反射率越高玻璃的镜面效果越强，视线遮蔽性越好。镀膜玻璃两个表面的可见光反射比一般是不同的，因此实际使用中区分室内反射率 R_i、室外反射率 R_o。

 ## 14. 什么是太阳能直接透射比？

在太阳能光谱范围（波长 $0.3\sim2.5\mu m$），直接照射透过玻璃的太阳辐射强度与入射太阳辐射强度的比值，以符号 T_{sol} 表示，通常也称"太阳能直接透射率"。

 ## 15. 什么是太阳能总透射比？

在太阳能光谱范围（波长 $0.3\sim2.5\mu m$），直接照射透过玻璃的太阳辐射强度和玻璃吸收太阳能再经二次辐射传热透过的部分之和与入射太阳辐射强度的比值，以符号 g 表示，它与太阳能直接透射比的区别是包含了玻璃向室内的二次传热量。

 ## 16. 什么是太阳能反射比？

在太阳能光谱范围（波长 $0.3\sim2.5\mu m$），玻璃反射的太阳能辐射强度与入射太阳能辐射强度的比值，以百分比表示，通常也称太阳能反射率。

 ## 17. 怎样计算透过玻璃的热能？

透过玻璃热能由两部分构成，一部分为太阳照射进入室内热能，包括直接照射透过和二次传热透过的热能，一部分为温差传热透过的热能。单位面积玻璃透过热能的功率可由下式计算：

$$Q = 0.87 I_0 \cdot S_c + K \cdot (T_{室外} - T_{室内})$$

式中：Q——单位面积玻璃透过热能的功率，W/m^2；

I_0——太阳辐射强度，W/m^2；

S_c——玻璃的遮阳系数，无量纲；

$T_{室外}$、$T_{室内}$——分别为室外、室内的环境温度，℃；

K——玻璃的传热系数，$W/(m^2 \cdot K)$。

计算时注意热量传递的方向，若进入室内的热能为正则流出室内的为负，例如冬季室内温度高于室外，计算得出 $K \cdot (T_{室外} - T_{室内})$ 为负值。

18. 什么是玻璃的传热系数？

玻璃的传热系数定义为：稳态条件下，玻璃两侧环境温度差为 1K（℃）时，在单位时间内通过单位面积玻璃的热量，单位是：瓦每平方米每开尔文 $W/(m^2 \cdot K)$。传热系数是衡量玻璃节能性的主要参数之一，需要注意的是，玻璃的传热系数仅指玻璃面板中部区域的传热系数，未考虑边缘的影响。

19. 传热系数反映玻璃的哪部分传热？

传热系数反映玻璃的温差传热性能，玻璃两侧因环境温度不同而导致通过玻璃传递热量，其量值为 $K \cdot (T_{室外} - T_{室内})$ W/m^2，表示透过玻璃温差传热的功率。

20. 什么是玻璃的 K 值？它与玻璃的 U 值有何区别？

K 值和 U 值都是表示玻璃传热系数的符号，我国标准体系一般采用 K 值表示，欧美国家标准体系多采用 U 值表示。K 值与 U 值的差别不在于表示的符合，而在于测试传热系数时所规定的边界条件不同，因此同一片玻璃的 K 值和 U 值的数值是有差别的。

21. 传热系数有几种测试方法？各有什么特点？

有两种测试方法：光谱测量计算法、热箱法。

光谱测量计算法是通过光谱仪测量单片玻璃的太阳能透射光谱、玻璃两个表面的太阳能反射光谱、玻璃的表面辐射率等基础数据，再根据玻璃的组合结构由专业的玻璃热工计算软件计算出其传热系数。这种方法的优点是，需测试样片的尺寸小（100mm×100mm）、仅需测试单片玻璃、可计算出不同玻璃组合结构的参数、测试结果准确、测试成本低。目前国际上普遍采用此法。

热箱法由热室与冷室组成，被测玻璃置于两室之间，设定诸参数后测量计算出热流量，再计算出玻璃传热系数。这种方法的优点是：测试结果是整个试件的参数，测试模拟真实环境；缺点是：测试样片尺寸大，测试时间长，测试结果误差大，测试结果仅适用于被测的玻璃结构，测试成本高。

22. 传热系数的测量与哪些边界条件值有关？

玻璃传热系数的测量与边界条件密切相关，包括玻璃两侧的空气温度、室外风速、室内空气流速、太阳辐射强度等。在真实使用环境中玻璃会面临各种复杂的环境边界条件，但是作为比较玻璃节能性的参数，可以统一规定这些边界条件值以获得统一的比较平台，这些边界条件由测量传热系数的标准作出规定。

23. 常见的测量传热系数的标准有哪几个？

目前国内基本依据《建筑门窗玻璃幕墙热工计算规程》（JGJ 151）和住建部建筑门窗节能性能标识委员会规定的边界条件测量；欧洲多依据 EN673 标准（ISO 10292）测量；北美地区多依据美国 NFRC100 或 ASHRAE 标准测量；其他国家采用美国标准的居多。国内建筑节能验收要求采用 JGJ 151 标准的方法及住建部门窗节能性能标识委员会规定的边界条件测量，若参与国外绿色建筑认证需按照美国 NFRC100 或欧洲 EN673 标准测量。

24. 不同测量标准的边界条件有何差别？

表 1　常用传热系数测量标准规定的边界条件

边界条件	我国标准 JGJ 151 及住建部门窗节能性能标识委员会的规定	美国标准 NFRC100 冬季	美国标准 NFRC100 夏季	欧洲标准 EN673 (ISO 10292)
室外温度（℃）	−20	−18	32	2.5
室内温度（℃）	20	21	24	17.5
室外风速（m/s）	3	3.3	6.7	4.5
太阳辐射强度（W/m²）	夏季 500，冬季 300	0	783	0
室内空气流速	自然对流			固定换热量

从表 1 中可看出，仅美国标准区分冬季和夏季的测量条件，其他标准只规定了冬季测量条件。考虑到传热系数是在标准条件下衡量玻璃温差传热特性的参数，既未考虑玻璃边部的影响也未计及实际使用环境中室内外温差和空气流速的差别，因此并不指望由此计算出真实的传热量，故仅采用冬季测量条件测量传热系数 K 值更简便实用。

25. 不同测量标准测出传热系数值是否相同？

不相同，因不同标准中设定的测量边界条件值不同，而且各自建立的计算模型也有差别，我国的计算模型与美国的相近而与欧洲的差别大，因此对于同一产品依据不同测量标准测出的传热系数也不同。以同一款典型的 Low-E 膜为例，分别组成 6＋12A＋6、6＋16A＋6 两种结构的中空玻璃，依据各标准测出的传热系数见表 2。

表 2　不同玻璃结构依据各标准测得的传热系数

标准 中空结构	我国 JGJ 151 标准 K 值	美国 NFRC100 标准		欧洲 EN673 标准 U 值
		$U_{冬季}$	$U_{夏季}$	
6LE+12A+6C	1.78	1.78	1.76	1.72
6LE+16A+6C	1.82	1.81	1.53	1.50
6LE+12Ar+6C （氩气含量 90%）	1.53	1.52	1.48	1.43

注：为方便表示用 LE 表示 Low-E 膜，A 表示空气，Ar 表示氩气，6C 表示 6mm 白玻。

分析测量结果可以得出三个结论：其一，我国标准的 K 值与美国标准的 $U_{冬季}$ 值相等或相当，与欧洲标准的 U 值差别较大；其二，由于我国和美国标准与欧洲标准的计算模型不同，因此中空气体层厚度对测量结果值影响非常大，关于气体层厚度的影响随后将详细分析；其三，对同一款产品欧洲标准测出的 U 值始终是最低的，显然这并不表示欧洲生产的玻璃性能优于我国或美国，而是测量条件不同造成的结果。本书如未注明均采用我国标准给出玻璃的光热参数。

26. 什么是玻璃的遮阳系数 S_c ？

遮阳系数 S_c（Shading Coefficient）：玻璃的太阳能总透射比与 3mm 标准普通透明玻璃的太阳能总透射比的比值。玻璃的遮阳系数 S_c 值反映太阳辐射透过玻璃的传热量，包括太阳直接照射透过热量和玻璃吸热后向室内二次辐射的热量。S_c 值越低表明透过这款玻璃的太阳辐射能量越少。在以往的其他应用标准中也被称为遮蔽系数，目前新编制或修订的相关标准统一称为"遮阳系数"。

27. S_c 与 SC 有区别吗？

两者尽管都表示遮阳系数，但第二个字符大写、小写所表示的含义不同。一般来说字符小写的 S_c 仅表示玻璃本身的遮阳系数，而字符大写的 SC 则表示玻璃与窗框或玻璃与幕墙边框构成系统的遮阳系数，由于边框本身的遮阳系数一般都非常低，因此对同一块玻璃 SC 值往往小于 S_c 值，使用中应注意区别。

28. 什么是太阳得热系数 *SHGC* 值？

太阳得热系数 *SHGC*（Solar Heat Gain Coefficient）：透过玻璃的太阳辐射总能量（包括太阳直接照射透过玻璃的能量和玻璃吸热后向室内二次辐射的能量）与入射的太阳辐射能量之比，也称太阳得热因子（Solar Factor）或太阳因子。其实就是太阳能总透射比 g，只不过换了个称呼而已，我国基础标准和产品类标准中多采用 g 表示，建筑热工应用标准中多采用 *SHGC* 表示。

29. 遮阳系数 S_c 与太阳能总透射比 g 有何关系？

这两个参数都是反映太阳辐射透过玻璃传热量的参数，两者是相关的，根据遮阳系数的定义可知其换算关系为：

$$g = 0.87S_c$$

式中：0.87 为标准 3mm 透明玻璃的太阳能总透射比。

由于太阳能总透射比 g 的物理意义更清晰明了，未来建筑节能设计标准倾向于采用 g 值或 *SHGC* 值。

30. 什么是相对热增益？如何计算？

相对热增益，也称相对增热 *RHG*（Relative Heat Gain）：在美国 NFRC 标准规定的夏季条件下（表 1），按公式（见"17 怎样计算透过玻璃的热能？"）计算得出透过玻璃的瞬间传热功率。*RHG* 是在太阳照射下、室内外固定在标准温度的条件得出的，它仅反映玻璃在该条件下的瞬间传热功率，用以衡量玻璃的节能性意义不大，目前已很少使用。

31. 什么是 Window 软件?

Window 软件是美国伯克利劳伦斯国家试验室（LBNL）开发的门窗热工性能计算软件，可由 LBNL 网站免费下载，该软件可根据国际玻璃数据库录入的各种单片玻璃的基础光热参数，如可见光透射比和反射比、太阳能透射比和反射比、辐射率等，计算出不同标准环境条件下各种玻璃组合结构的光热性能参数、玻璃各表面的温度值、玻璃反射和透过颜色的参数等。国内外的镀膜玻璃制造商、第三方检测机构、建筑节能设计单位已广泛使用多年，目前仍是计算玻璃光热参数的主流软件。Window5 为第五代版本，目前已经发展到第七代版本 Window7。图 3 是 Window6 软件计算中空玻璃热工性能参数的电脑截屏图，图 4 是 Window6 软件计算中空玻璃各玻璃表面温度值的电脑截屏图。

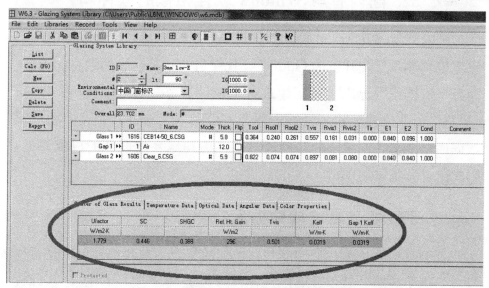

图 3　Window6.3 计算 Low-E 中空玻璃热工参数截屏

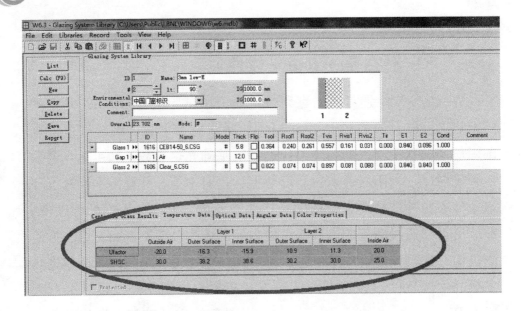

图 4　Window6.3 计算 Low-E 中空玻璃各表面温度值截屏

32. 国内有与 Window 软件相似的软件吗？

国内有与 Window 软件相似的玻璃热工性能计算软件，其中广东省建筑科学研究院开发的 OpticsCC 软件与 Window 软件的功能相当，而且是依据我国标准《民用建筑热工设计规范》（GB 50176—1993）《建筑门窗玻璃幕墙热工计算规程》（JGJ 151—2008）及《中国玻璃数据库精准格式》编制的，已通过了住房和城乡建设部的权威评估，因此更符合我国的国情。

33. 什么是玻璃数据库？

玻璃数据库是单片玻璃的基础数据的集合，单片玻璃可以是各种厚度的透明玻璃、着色玻璃以及各种镀膜玻璃（含 Low-E），基础数据包括玻璃在太阳辐射波段的透射光谱、玻璃两个表面在太阳辐射波段的反射光谱、玻璃两个表面的半球辐射率、制造商名称和玻璃型号等。玻璃数据库是热工计算软件的依据，打个比方若热工计算软件是枪玻璃数据库就是弹药。

国际玻璃数据库（IGDB）由美国 LBNL 管理并定期维护更新，目前已有来自世界各国的 27000 多个产品的数据。中国建筑玻璃与工业玻璃协会在住房和城乡建设部的支持下建立了中国玻璃数据库，可配合 Window 和 OpticsCC 软件使用。

第二章　Low-E 玻璃产品

34. 建筑玻璃原片主要有哪些品种？

建筑平板玻璃原片的常见品种有普通透明玻璃（俗称白玻或清玻）、超白玻璃（也称低铁玻璃）、F 绿色玻璃、H 绿色玻璃、灰色玻、茶色玻、蓝色玻等。国内目前生产白玻、超白玻、F 绿玻、水晶灰玻、欧洲灰玻、蓝玻、灰蓝玻。

35. 玻璃原片如何在膜代号中反映？

按国际惯例一般由膜代号中第一位数字表示，0—超白玻、1—白玻、2—绿玻、3—灰玻、4—茶玻、5—蓝玻、6—蓝绿玻。例如南玻的 Low-E 产品 CEF16-50 表示在白玻上镀膜，而 CEF26-50 表示在绿玻上镀同样的膜；美国 Viracon 公司的 VUE340 表示在灰玻上镀 Low-E 膜，而 VUE440 则表示在茶玻上镀同样的膜。当然也有些制造商或产品不按此规则编号。

36. 什么是钢化玻璃、半钢化玻璃？它们有哪些特点？

钢化玻璃：通过加热并急冷处理玻璃，使玻璃表面呈现均匀的压应力、内部呈现均匀的张应力，从而使玻璃的柔韧性更好、强度增加数倍。形象地说，钢化玻璃的上下表面就像往中间收缩的弹簧网，而内部中间层则像往外张的弹簧网，在玻璃弯曲时外表面的弹簧被拉伸开，这样它就能弯曲更大的弧度而不断裂，这就是韧性和强度的来源。若因某种原因破坏了这个张、拉平衡的网钢化玻璃就会解体破裂成碎小的颗粒，图 5 是钢化玻璃破碎后的照片。

钢化玻璃具有以下特点：

安全性：钢化玻璃的强度是普通玻璃的 3～4 倍，破碎后呈小颗粒状，可将玻璃破碎后坠落或飞溅造成的破坏性降至最小，因此属于安全玻璃。

热稳定性：钢化玻璃具有很好的热稳定性，在同一片玻璃上可存在 200℃的温度差而不产生热炸裂。

缺点：存在自爆现象，即钢化玻璃在自然放置状态破裂的现象，同时钢化加工过程会影响玻璃的平整度。

图 5　钢化玻璃破碎后的照片

半钢化玻璃：顾名思义是介于普通玻璃与钢化玻璃之间的品种，它的强度是普通玻璃的 2 倍左右，破碎后碎片较大（图 6），因此不属于安全玻璃；半钢化玻璃破裂的裂纹不会相交，虽不属于安全玻璃但四边夹持安装时即便破裂每一块碎片都被边部固定着，因此仍具有一定的安全性；其热稳定性弱于钢化玻璃，可耐 100℃的温度差而不产生热炸裂；最大的优点是不存在自爆的缺陷。需要注意的是，8mm 以下厚度的玻璃才能加工成半钢化玻璃，10mm 以上厚的玻璃很难加工成半钢化玻璃，即便加工出来它可能什么也不是，或不符合任何产品标准。

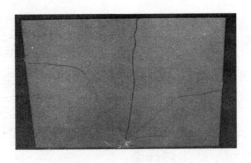

图 6 半钢化玻璃破裂后照片

37. 什么是钢化玻璃自爆？钢化玻璃自爆率是多少？

钢化玻璃自爆是指在无外力作用下因玻璃内部应力而引发的炸裂，导致自爆的主要原因是玻璃中的硫化镍（NiS）晶体在变相时体积增大或硬质硅晶体膨胀，使张应力大于拉应力，破坏了张、拉的平衡力导致玻璃破碎。

由于现有浮法玻璃生产线的在线检测设备无法测出粒度数微米的硫化镍或硬质硅晶体，因此不可预知自爆，所以自爆成为钢化玻璃的固有属性或缺陷。

自爆率是事后统计的数据，无科学依据仅具有商业意义。自然界生产玻璃所用材料中的杂质含量大致有谱，根据大数据通过玻璃材料中所含杂质的数量推断玻璃的自爆概率是科学合理的。多年累计的统计结果显示大约 4～8 吨玻璃中可能会含有一粒能致钢化玻璃破碎的 NiS，取平均值 6 吨含一粒杂质计算，按幕墙常用的玻璃尺寸为 6mm 厚、1.2m×2.6m 规格计算，每 1000 片玻璃重约 47 吨，这些玻璃中就可能含有 8 粒能导致自爆的 NiS 晶体，可推断出这种规格钢化玻璃的自爆率大约为 0.8%。玻璃越厚、尺寸越大，同等质量玻璃材料造出玻璃片数越少，但 NiS 或硬质杂质含量还是这么多，因此自爆率会越高，假设一片钢化玻璃 6 吨重，估计它肯定会自爆，当然也没有这么大尺寸的玻璃。目前行业界认同的 0.5% 是界定破损补片的商务条款，因为在工厂生产钢化玻璃、后续其他加工和搬运的过程中自爆就陆续发生，实际使用中约定这个数值是合理的。需要注意，应预见到超大板块的玻璃自爆率会高更多，最好单独评估并采取措施。

38. 什么是均质钢化玻璃？它有什么优点？

均质钢化玻璃是对钢化玻璃做均质处理后的产品，目前已有该产品的国家标准。均质处理工艺是将钢化玻璃置于均质炉内，保持不高于 1.5℃/min 的升温速率，持续升温至 298℃ 左右保持数小时，促使钢化玻璃内部的 NiS 变相或硬质杂质膨胀引发玻璃破碎，待逐渐冷后取出完好的玻璃，这个过程也被形象地称为引爆处理。

国际上均质处理的工艺历史不长，还没有累积足够的数据准确预见处理后的自爆率，但从国内外已有的案例来看，常规尺寸玻璃的自爆率小于 0.1% 是完全可以保证的。需要注意的是，目前的技术手段无法检测钢化玻璃是否经过均质处理，只能通过使用后玻璃的自爆率判断，这给不良制造商或安装公司留下了很大的造假空间，建议用户除选择有信誉、有品牌玻璃制造商外，最有效的方式是用户派人到玻璃制造企业全程监督均质钢化玻璃的生产来保障自己的利益。

39. 什么是钢化玻璃的应力斑？

钢化玻璃的应力斑是指在特定的角度观察时玻璃表面呈现明暗不同的斑纹，应力斑主要是钢化玻璃的应力结构产生的，应力结构可使入射光产生干涉，局部应力的不均匀导致该处产生部分偏振光，从而呈现出明暗不同斑纹的光学现象，图 7 是选择应力斑最明显的角度拍摄的透明钢化中空玻璃的应力斑。应力斑是钢化玻璃的固有特征，可通过调整钢化生产线状态及优化钢化工艺减弱但仍不能完全消除，戴着偏光镜观察可看得更明显。

ISO/TC160N57E 标准的描述是："在一定的光照条件下（偏振光下）可见到钢化玻璃各向异性（色圈），这种现象是钢化玻璃的特征。"

图 7　透明钢化中空玻璃应力斑照片

40. 哪些因素会使应力斑看起来更严重？

以下因素可使应力斑看起来更严重：

（1）多片钢化、半钢化玻璃叠加的结构。例如夹层中空玻璃由三块钢化玻璃构成，它的应力斑就比中空玻璃看起来严重，这是因为光线透过一片钢化玻璃时已经产生了部分偏振光，再经过第二块钢化玻璃后偏振光叠加，经过的钢化玻璃越多叠加现象越严重，光线偏振方向相同或相近叠加区域是透明的，光线偏振方向垂直或相差角度大的叠加区域透过的光线减弱看起来更暗，这会使应力斑更严重，在玻璃加工厂多片钢化玻璃堆积码放时可以看到这种现象。形象地说，这就像两把梳子叠加，梳齿方向相同时透的光多，梳齿方向垂直时透的光少。

（2）玻璃的透光率偏高，反射率偏低。玻璃的透光率偏高、反射率偏低时反射出来的背景光线弱，压不住应力斑的光，因此看起来应力斑会明显些。如果玻璃的反射率高，反射出的背景光亮度大，就会淹没应力斑的光。

（3）外部环境产生的部分偏振光。外部环境也会产生偏振光，北向天空散射阳光后会产生部分偏振光，周边建筑物的漫反射光也含有部分偏振光，这使得同样的钢化玻璃面向北时或许应力斑看起来明显。

（4）室内装修未装修的影响。幕墙竣工后室内尚未装修时室内属于暗环境，此时观察玻璃会发现应力斑比较明显，这是因为室内墙壁、天花板和地面粗糙灰暗吸收光线，室内几乎没有漫反射光出射，这就凸显了应力斑的亮度，图 8 是某建筑室内装修前的照片，可明显看到应力斑。一旦完成室内装修，会增强室内出射的漫反射光，这样就能弱化应力斑的影响或者说应力斑被掩藏了，图 9 是同一栋建筑装修后的照片，对比两张照片可以看出室内装修后几乎已看不到应力斑，这说明室内装修对弱化应力斑的影响是巨大的。

图 8　某工程室内未装修前拍摄的应力斑照片

图 9　同一工程室内装修后拍摄的应力斑被掩藏的照片

41. 什么是夹层玻璃？夹层中间膜有哪几种？

夹层玻璃又称夹胶玻璃，属于安全玻璃，它是在两片或多片玻璃之间夹上柔性中间层再经高温、高压加工制成的。夹层玻璃有以下三个特点：

（1）安全性：由于中间层的韧性好、粘结性强且具有抗穿透性，玻璃破碎后仍会紧密地粘结在一起不飞溅，物体也难以穿透，因此对人体和财物具有安全保护作用，用于高层建筑幕墙玻璃时即便破裂也不会坠落对外造成伤害，同时又能保护室内的人或物体穿透玻璃坠落，因此属于完全意义上的安全玻璃。

（2）隔紫外线性能：夹层玻璃的中间层尤其是 PVB 胶片具有极强的紫外线吸收能力，可过滤透过夹层玻璃的紫外线，过滤效果可高达 99%。

（3）隔声性能：夹层玻璃的中间层可吸收声波，尤其是 PVB 胶片具有明显的隔声效果，专用的隔声型 PVB 胶片具有更优异的隔声性能。

夹层玻璃中间层有 PVB、EVA、离子型膜（SGP），其中 PVB 的使用量最多，使用历史最长。表 3 列出了这几种夹层材料特性的对比。

表 3　几种夹层材料的特性对比

夹层材料	耐温性	抗撕裂强度（MJ/m³）	残余强度	粘结金属	耐水性
PVB	<70℃	～13	无	差	差
EVA	优于 PVB 劣于 SGP	～9	无	优	优
SGP	< 82℃	～50	有	优	优

PVB的化学名称是聚乙烯醇缩丁醛，其特点是与玻璃的粘结性好，但与金属粘结性差、耐水性差，70℃以上时粘结性快速衰减。在室外边部裸露使用时容易脱胶。PVB胶片品种主要有无色透明、乳白、粉红、蓝色等；基本厚度有0.38mm、0.76mm、1.52mm，可以根据客户的要求组合厚度和颜色叠加使用。

隔热型PVB是近年开发出的新产品，其中添加了具有吸收太阳红外波段热能的纳米陶瓷材料，制成的夹层玻璃可作为透明遮阳板使用，隔热效果非常明显，随后还会谈到这种材料的特点。

EVA的化学名称是乙烯-乙酸乙烯共聚物，其特点是与玻璃和金属粘结性均好、耐水性好，但抗撕裂强度略差，耐温性优于PVB但不如SGP，因此多用于太阳能光伏板领域。当夹层中有金属网板或在室外边部裸露使用时可采用，幕墙玻璃不推荐使用。

离子型膜（SGP）可视为改性有机玻璃，其特点是与玻璃和金属粘结性均好，耐水性好，使用温度高（<82℃），玻璃破损后仍有较高的残余强度，安全性更高，SGP是美国杜邦离子型膜的代号。离子型膜夹层玻璃破损后仍具有一定残余强度和耐水性的特点使其更适合用于地板玻璃。

 ## 42. 钢化夹层玻璃的PVB厚度如何选择？

玻璃钢化后平整度会变差，因此钢化夹层玻璃PVB胶片的厚度必须足以填充两片钢化玻之间凹凸不平的间隙，若PVB厚度严重不足则很难生产出合格产品，PVB厚度略微偏薄时尽管刚生产出来的钢化夹层玻璃看不出什么问题，但使用中玻璃边部开胶或产生气泡的概率非常高，因此合理的PVB厚度是保证钢化夹层玻璃长期稳定使用的关键。PVB厚度的选择不计玻璃的长度仅与玻璃的宽度有关，即仅与玻璃的短边尺寸有关，根据杜邦和首诺公司多年累积的经验和国内工程使用反馈的信息，可靠的PVB厚度应遵循表4和表5的规则设计选择。

表 4　平钢化、半钢化玻璃 PVB 厚度选用规则

玻璃种类	玻璃厚度（mm）	PVB 膜厚度（mm）		
		短边≤800mm	800mm<短边≤1500mm	短边>1500mm
平钢化、半钢化夹层玻璃	≤6mm	0.76	1.14	1.52
	8～12mm	1.14	1.52	1.52
	≥15mm	1.52	2.28	2.28

表 5　弯钢化玻璃 PVB 厚度选用规则

玻璃种类	玻璃厚度（mm）	PVB 膜厚度（mm）	
		曲率半径 $R>3m$	曲率半径 $R≤3m$
弯钢化	≤8mm	2.28	3.04
	≥10mm	3.04	3.04
热弯	≤6mm	0.76	1.14～1.52
	≥8mm	1.14	1.52

近年来随着钢化玻璃生产设备的技术升级以及钢化生产工艺的改进，高端钢化玻璃生产线（双室钢化炉等）制造的钢化玻璃波形度、弓形度都有所降低，平整度优于早期的钢化玻璃，但切勿因此而减薄 PVB 的厚度设计，尤其对夹层 Low-E 中空玻璃，因为 Low-E 膜的存在夏季夹层玻璃的温度会高达 55℃，在这个温度下 PVB 已有一定程度的软化，抗撕裂强度降低，钢化玻璃边部、角部的变形释放会增大开胶和产生气泡的概率，图 10 是某工程夹层玻璃开胶的照片，为了节省些许 PVB 膜的费用而导致这个结果肯定是得不偿失的。

图 10　某工程夹层 Low-E 中空玻璃开胶的照片

43. 镀膜玻璃分为几大类？

镀膜玻璃分为两大类：阳光控制镀膜玻璃和低辐射镀膜玻璃。

阳光控制镀膜玻璃也称热反射镀膜玻璃，其膜层由不锈钢、铬、镍、钛等金属及其氧化物或氮化物构成，不具有低辐射特性，可以反射阳光中的可见光和部分红外线，具有一定的遮阳效果，但可见光透过率非常低。由于阳光控制镀膜玻璃的外观颜色丰富多彩，目前多被用于建筑外装饰，在节能门窗幕墙玻璃领域已基本上被 Low-E 玻璃取代。

低辐射镀膜玻璃（Low-E 玻璃）中采用了具有低辐射性能的金属材料金或银，考虑到制造成本 Low-E 玻璃基本上采用银镀膜制造，是目前节能玻璃的主流产品。

44. Low-E 玻璃具有哪些特点？

简单来说，Low-E 玻璃具有下述特点，具体的优点随后会陆续介绍：

（1）传热系数 K 值低，抗拒温差传热的能力强，对冬季、夏季的节能都有利；

(2) 遮阳系数 S_c 范围广，可满足不同地区遮阳的需要；

(3) 舒适性能好，可防止阳光暴晒，均衡室内温度；

(4) 除在线 Low-E 膜和无银 Low-E 膜外，离线 Low-E 膜不能单片使用。

45. 辐射率低到多少才算 Low-E 玻璃？

物理学上将所有辐射率低于 0.15 的物体归类为低辐射物体，这样看来 Low-E 玻璃的辐射率应低于 0.15，现实中离线 Low-E 玻璃的辐射率均低于 0.15，双银及三银 Low-E 玻璃甚至低至 0.03。但在线 Low-E 玻璃的辐射率高于 0.15，大约在 0.18～0.22 之间，严格来说不属于低辐射物体，国外也因此称其为 K 玻璃，尽管如此在线 Low-E 玻璃的辐射率仍远低于普通玻璃的 0.84，因此也被纳入低辐射玻璃系列而称为"在线 Low-E 玻璃"。

46. Low-E 膜在使用功能上如何划分？

在国家标准《镀膜玻璃》中 Low-E 膜按使用功能分为：传统型和遮阳型。

凡遮阳系数 $S_c > 0.5$ 的均属于传统型，凡遮阳系数 $S_c \leqslant 0.5$ 的均属于遮阳型。

这样划分主要是为了应对不同气候区域的节能要求。传统型 Low-E 玻璃追求更高的遮阳系数，这对仅冬季采暖而夏季不需制冷的气候地区是非常必要的，尤其适用于我国严寒地区的居住建筑；遮阳型 Low-E 玻璃可有效限制阳光中热能，适用于其他气候区域的居住建筑和几乎所有气候区域的公共建筑尤其是玻璃幕墙建筑。

47. Low-E 玻璃对室内的植物有何影响？

Low-E 玻璃可透过可见光、部分透过紫外线，不会影响植物的光合作用，因此对绝大部分普通植物没有什么不利影响，但对依赖紫外线生长的植物有一定影响，例如深紫色的花卉植物。对特殊稀有植物的影响可请教有关植物花卉方面的专家。

 ### 48. Low-E 玻璃可以衰减多少紫外线？

Low-E 玻璃衰减紫外线的能力依品种不同而有差异，紫外线透过率在 9％～35％之间，这表明 Low-E 玻璃至少可以衰减 60％以上的紫外线，但不能完全隔绝，因此 Low-E 玻璃不能完全避免家具褪色，但可减缓褪色。Low-E 玻璃的紫外线透射比参数可由 Window 软件计算得出，图 11 显示的是一款 Low-E 中空玻璃紫外线透射比 T_{uv} 值。

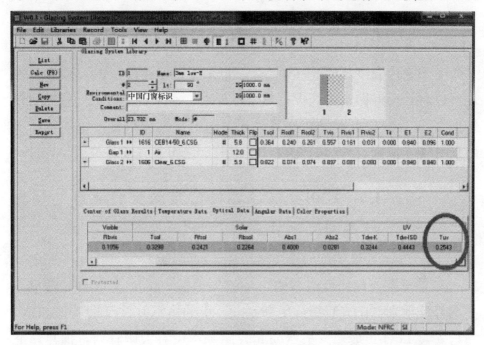

图 11　Window6.3 软件计算 Low-E 中空玻璃紫外线透射比电脑截屏图

 ### 49. 哪些建筑需要紫外线？哪些建筑必须限制紫外线？

是否限制紫外线透过与建筑物的功能密切相关，例如博物馆就非常有必要限制紫外线的进入，因为紫外线会对文物、字画等造成损伤；医院、阳光植物馆则需要紫外线进入，因为紫外线有助于杀菌灭毒、促进植物生长。这些建筑物在选择 Low-E 玻璃时应关注玻璃的紫外线透射比。

50. Low-E 玻璃在夏季是如何起作用的？

夏季室外温度高于室内，环境产生的远红外辐射主要来自室外，Low-E 玻璃可以将其反射出去从而阻止热量进入室内。对来自室外的太阳直接辐射，遮阳型 Low-E 玻璃可将其大部分反射出去，从而降低空调的制冷费用。

51. Low-E 玻璃在冬季是如何起作用的？

冬季室内温度高于室外，远红外辐射主要来自室内，Low-E 玻璃可以将其反射回室内而保持热量不外泄。对来自室外太阳辐射，传统型 Low-E 玻璃可大量允许其进入室内，这部分热量被室内物体吸收后又转变成远红外辐射而被留在室内，从而节省采暖费用。

52. Low-E 中空玻璃朝哪个方向安装最好？朝北是否同样起作用？

无论 Low-E 玻璃朝哪个方向安装都不影响其发挥作用，在冬季 Low-E 玻璃主要向内反射室内产生的热辐射，在夏季 Low-E 玻璃主要向外反射来自阳光直接照射和室外环境的热辐射，因此哪个方向都适合安装 Low-E 玻璃。虽然朝北方向基本没有太阳直射，但夏季北向也存在环境产生的水平红外线辐射，因而 Low-E 玻璃同样起作用。

53. 什么是水平红外线辐射？

水平红外线辐射是太阳照射大气、地面、建筑物产生的室外环境热辐射，沿水平方向来自四面八方，其辐射强度与季节和区域环境有关，夏季辐射强度高、热感强，城市区域较郊区田野区域辐射强度高。波长为 $2.5 \sim 4.5 \mu m$ 的红外热辐射有相当部分可直接透过普通透明玻璃（图 2），这就是为什么夏季即便阳光没有直接照射，我们站在玻璃窗前脸上也会有明显热感的原因。

54. 水平红外线辐射有多强？

据广东省建筑科学研究院和福建省建筑科学研究院测量，夏热冬暖地区夏季环境中的水平红外线辐射强度约为 $180 \mathrm{W/m^2}$。有关测量表明在夏热冬冷地区，夏季城市中的水平红外线辐射强度大约在 $150 \sim 180 \mathrm{W/m^2}$ 之间。这个数值大吗？值得我们关注吗？看看以下的数据你就会得出结论：

我国绝大部分地区夏季中午时的太阳辐射强度平均值为 $1000 \mathrm{W/m^2}$，对于门窗来说这个角度的太阳照不进室内，能照进室内时太阳已经偏斜了，《建筑门窗玻璃幕墙热工计算规程》（JGJ 151）根据我国的气象条件规定，照进窗玻璃的太阳辐射强度夏季平均值为 $500 \mathrm{W/m^2}$，其中约一半是红外线热辐射即 $250 \mathrm{W/m^2}$，这就是夏天下午 4 时左右我们晒太阳时感受的热量，与之相比 $180 \mathrm{W/m^2}$ 的水平红外线辐射强度是无论如何都不能忽视的。

55. 怎样才能有效地阻挡水平红外线辐射？

水平红外线辐射的波长大于 $2 \mu m$，而普通透明玻璃在波长 $2 \sim 4.5 \mu m$ 波段仍有相当高的透过率（图 2），水平红外线热能正是由这个窗口区透过玻璃的，要挡住它就必须堵住这个窗口区。Low-E 玻璃在波长大于 $2.5 \mu m$ 的区域透过率非常低，尤其双银 Low-E 和三银 Low-E 基本为零，因此可有效地阻挡这部分热能透过玻璃，图 12 是单银 Low-E 和双银 Low-E 在波长 $0.3 \sim 4.5 \mu m$ 波段的光谱透过曲线，从图中曲线可以看出，单银 Low-E 尚有这个波段的部分红外线透过，双银 Low-E 已将其完全屏蔽。

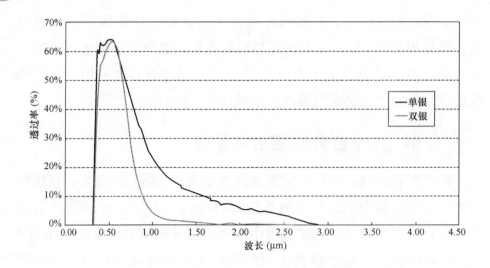

图 12　单银、双银 Low-E 的透过光谱曲线

 ## 56. 水平遮阳板能阻挡住水平红外线辐射吗?

　　水平遮阳板可非常有效地遮挡太阳直接照射，这是因为阳光与水平方向呈一个角度，只要水平遮阳板之间的间距合适就能阻挡直射阳光通过。但对于同样呈水平方向辐射的环境红外线来说，水平遮阳板之间的空隙就是通道，因此它无法阻挡水平红外线进入室内，这就需要其后的玻璃承担阻挡红外线的功能，因此即便采用了水平遮阳板仍需要采用 Low-E 配合才能获得最佳遮阳效果。图 13 是水平红外线透过水平遮阳板的示意图。

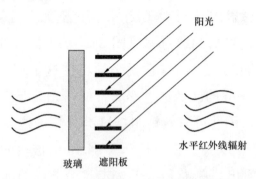

图 13　水平红外线透过水平遮阳板示意图

57. 离线 Low-E 膜的寿命有多长？

基于节能效果方面的考虑，所有 Low-E 玻璃基本都被制成中空玻璃使用，而 Low-E 膜位于中空玻璃腔体的内部，因此关于 Low-E 膜层寿命的问题转换成了 Low-E 中空玻璃寿命的问题。由于合格的中空玻璃内部气体腔的干燥度非常高，露点达到−40℃以下，即水蒸气稀少到在玻璃内表面温度低于−40℃后才会结露，在这样干燥的环境中 Low-E 膜是稳定的，因此可以说 Low-E 膜层与中空玻璃气体腔的密封持续时间相同，简单说就是与中空玻璃同寿命，国内外几十年的实际使用经验已经证实了这一结论。实际使用中发生的 Low-E 中空玻璃膜层变色、腐蚀等案例，经检测分析均为中空玻璃密封失效、水蒸气渗入造成。

58. 常用中空玻璃有哪些结构？

中空玻璃由两片或多片玻璃，玻璃之间由灌装干燥剂的间隔条支撑边部，端部注密封胶粘结构成。传统间隔条为空心框，其中灌有干燥剂以保证气体腔干燥防止玻璃内表面结露。常用的间隔条有铝条、不锈钢条、金属塑料复合条、丁基胶复合材料条等，后两者也称为暖边间隔条。中空玻璃边部采用双道密封，第一道为丁基胶位于间隔条侧面与玻璃之间，是最为关键的一道密封，第二道为聚硫胶或硅酮结构胶填充于间隔条端部与玻璃之间（图 14）。

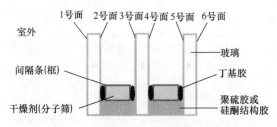

图 14　三玻双腔中空玻璃结构示意图

常用中空玻璃由两片玻璃和一个气体腔构成，随着节能指标的提高，由多片玻璃构成的多腔体中空玻璃逐渐流行。为了便于表示 Low-E 膜层在中空玻璃中的位置，由室外向室内按顺序赋予玻璃表面编号 1 号、2 号、3 号、4 号、5 号……如图 14 所示。

59. Low-E 膜位于中空玻璃的哪个面合适？

由于耐候性的问题，离线 Low-E 膜不能位于中空玻璃的外露表面，通常位于中空玻璃气体腔内侧表面即 2 号面或 3 号，4 号面或 5 号面，但离线无银 Low-E 膜或在线 Low-E 膜可以位于中空玻璃的室内侧表面。每个气体腔内只需一个玻璃面有 Low-E 膜即可，若同一个气体腔的另一面玻璃上也有 Low-E 膜并不能明显提高其节能性。在单腔中空玻璃中，Low-E 膜既可以位于 2 号面也可以位于或 3 号面，但需要注意这将造成节能参数的巨大差异。

Low-E 膜位于 2 号面或 3 号面，我国标准的传热系数 K 值完全相等，美国标准的冬季 U 值也相同，这说明冬季保温性能相同、保温效果无差异。Low-E 膜位于 3 号面时，遮阳系数 S_c 要比位于 2 号面时高出 15% 以上，阻挡阳光热辐射的效果显著变差，表 6 是两款 Low-E 中空膜面位于不同位置的参数对比。

对于追求遮阳效果的建筑而言，Low-E 膜应位于 2 号面合适，这类建筑包括各气候区域的公共建筑，除严寒地区以外的居住建筑。对于严寒地区的居住建筑而言，冬季获取阳光热能的需要远高于夏季遮阳的需要，因此 Low-E 膜位于 3 号面或更合适。

表 6　Low-E 膜位于中空 2 号面与 3 号面的参数对比

玻璃结构	膜面位置	透光率（%）	传热系数 K [W/(m² · K)]	遮阳系数 S_c
6LE ＋12A＋ 6C	2 号	71	1.79	0.61
	3 号	71	1.79	0.69
6C ＋12A＋ 6LE（3 号）	2 号	35	1.66	0.31
	3 号	35	1.66	0.51

注：LE 表示 Low-E 膜，A 表示空气层，6C 表示 6mm 白玻。

60. Low-E 夹层玻璃为何节能性差？

只有当 Low-E 膜层与空气接触时才能有效减少玻璃表面与空气之间的换热量，从而降低玻璃的传热系数 K 值获得更好的节能效果。若 Low-E 膜层位于夹层玻璃内，此时与空气接触的是裸玻璃面，表面换热率与普通玻璃相同，因此不能降低夹层玻璃的 K 值，丧失了限制温差传热的优点，湮没了 Low-E 膜的保温性。但 Low-E 膜本身反射红外线的特性会部分保留，尽管远不如 Low-E 中空玻璃，也仍具有一定的遮阳效果。

实测的实验数据更能说明问题，为了对比分别用夹层玻璃、同样结构的 Low-E 夹层玻璃（膜在夹层内）、同种 Low-E 膜的中空玻璃试验（光热参数见表 7），采用 300W 的红外灯距玻璃约 30mm 同时照射 30min 后测量玻璃另一面的表面温度，结果如图 15 所示。

表 7 Low-E 中空、Low-E 夹层、夹层玻璃的主要光热参数

玻璃种类	玻璃结构	透光率（％）	传热系数 K [W/(m²·K)]	遮阳系数 S_c
Low-E 中空	6 绿玻 LE+12A+6C	60	1.8	0.43
Low-E 夹层	6 绿玻 LE+0.76PVB+6C	60	5.3	0.51
绿玻夹层	6 绿玻 LE +0.76PVB+6C	69	5.3	0.59

注：LE 表示 Low-E 膜，A 表示空气层，PVB 表示夹层膜材料，C 表示白玻。

试验结果显示 Low-E 夹层与无 Low-E 夹层玻璃的温度值基本相等，这与两者 K 值相等情况吻合，相差的 1℃应是 Low-E 降低了后片玻璃所吸收热量造成的，这与两者遮阳系数的差异情况吻合，同样的 Low-E 膜构成中空玻璃节能效果就非常优异。

需要强调的是，虽然 Low-E 膜位于夹层内部时节能性损失很大，

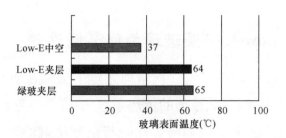

图 15　Low-E 中空、Low-E 夹层、夹层玻璃
红外灯照射后实测背面温度

但如果能够位于玻璃外表面对节能性还是有不可忽视的贡献，这一点
将在后面无银 Low-E 室内面的应用中谈及。

61. 何谓单银 Low-E? 双银 Low-E? 三银 Low-E?

普通离线 Low-E 仅含单层银膜，一般它由 5 层以上的膜层组合
构成，其中的主要功能层为纯银膜；双银 Low-E 理论上由 9 层以上
的膜层构成，其中的主要功能层为两层纯银膜，两层纯银层之间由多
层金属膜及介质膜隔开；三银 Low-E 理论上由多于 13 层的膜层构
成，其中含有三层纯银膜，各银膜之间由多层金属膜及介质膜隔开
（图 16）。实际上商业化生产的双银、三银 Low-E 产品的膜层多于上
述理论膜层数，增加的膜层主要是为改善产品的室内外反射颜色和透
过玻璃的颜色，并降低室内反射率。

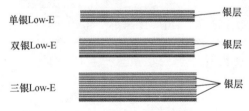

图 16　基本的单银、双银、三银 Low-E 结构示意图

单银、双银、三银 Low-E 的名称来自膜层构造，由于各层膜的
厚度都非常薄约为几十纳米，因此宏观上来看它们都是镀在玻璃表面
上的一种膜，但是其透光和透热的性能差别非常巨大。需要注意的

是，这个名称不是国家标准定义的，在产品类标准中它们统称为 Low-E 膜，在应用标准类中用其性能来划分。

 62. 双银 Low-E、三银 Low-E 有什么优点?

任何镀膜玻璃在限制太阳热辐射的同时也限制了可见光，在同等透光率的前提下，双银 Low-E、三银 Low-E 能阻挡更多的太阳热辐射透过。换句话说，在透光率相同情况下，双银 Low-E、三银 Low-E 具有更低的遮阳系数 S_c，能最大限度地将太阳光过滤成冷光源。此外，双银 Low-E、三银 Low-E 的辐射率也更低，因此传热系数 K 值也更低，冬季保温性能更好。

 63. 透光率相同时双银 Low-E、三银 Low-E 突出了什么优点?

突出了阻挡更多太阳热辐射的优点。图 17 是三款透光率相同的单银 Low-E、双银 Low-E、三银 Low-E 的太阳光谱透过曲线，图中竖线左侧是可见光区域，曲线的高度接近说明这三款 Low-E 玻璃的透光率相当。竖线右侧是红外线区域，该区域曲线下包含的面积（大致为三角形）反映太阳直接透过玻璃的热能。单银 Low-E 包含的面积最大，双银 Low-E 次之，三银 Low-E 包含的面积最小，因此透过

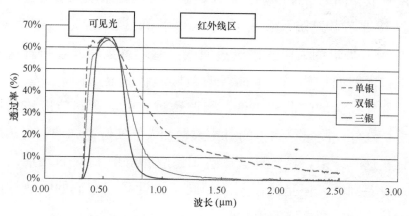

图 17 单银 Low-E、双银 Low-E、三银 Low-E 的太阳光谱透过曲线

的太阳热能最少，隔热性能最好。这三款 Low-E 中空玻璃的主要光热参数见表 8，尽管它们的透过率相当但遮阳系数相差巨大，三银 Low-E 的遮阳系数 S_c 最低，其次低的是双银 Low-E，单银 Low-E 最高。

表 8　图中单银 Low-E、双银 Low-E、三银 Low-E 中空的主要光热参数

玻璃种类结构	透光率（%）	传热系数 K [W/(m²·K)]	遮阳系数 S_c
6 单银 LE ＋12＋ 6C	65	1.8	0.55
6 双 LE ＋12A＋ 6C	63	1.7	0.40
6 三银 LE ＋12A＋ 6C	65	1.6	0.33

注：LE 表示 Low-E 膜，A 表示空气层，6C 表示 6mm 白玻。

64. 遮阳系数 S_c 值相同的单银 Low-E、双银 Low-E、三银 Low-E 的隔热性能有差别吗？

现行节能设计标准以遮阳系数衡量玻璃的隔热性能，以此判断的话遮阳系数相同的产品隔热性能应该是一样的，事实果真如此吗？

图 18 是三款遮阳系数 S_c 同为 0.38 的单银 Low-E、双银 Low-E、三银 Low-E 玻璃的太阳光谱透过曲线，遮阳系数相同意味着这三条曲线下包含的面积相当，但曲线的高低形状明显不同，三银 Low-E 在太阳红外线区域的曲线最低，因此透过它的太阳热能应该是最少的，手持红外线测量仪测得的对比数据和人体实际感知的辐射热度对比都证实这一结果，显然这三款遮阳系数相等的 Low-E 玻璃的隔热性能是有差别的，但是遮阳系数相同又告诉我们它们的隔热性能一样，为什么会出现这样的矛盾？

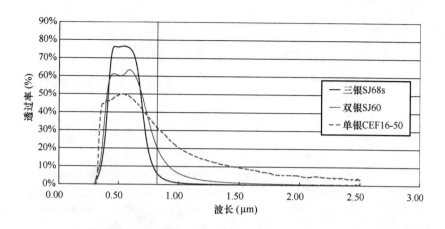

图18　遮阳系数相同的单银 Low-E、双银 Low-E、三银 Low-E
玻璃的太阳光谱透过曲线

65. 为什么遮阳系数 S_c 已不能真实反映 Low-E 玻璃的隔热性能？

遮阳系数衡量的透过能量中包含紫外线、可见光和红外线的能量，但对建筑节能产生影响的主要是太阳光中的红外线热能，对建筑热工而言太阳光中的可见光产生的热效应低到可忽略不计。遮阳系数相同意味着透过玻璃的太阳能总量相等，但透过玻璃的太阳红外热能的多少却与 Low-E 膜种类有关，而且差异非常大，因此可以推断其节能性差别必然巨大。

遮阳系数是目前国际上仍在采用的衡量玻璃隔热性能的参数，用以衡量透明玻璃、着色玻璃、阳光控制镀膜玻璃的隔热性能非常准确，因为这些玻璃的太阳光谱透过曲线基本是平直线（图19），即可见光区域与红外热区域的光谱透过率相当，不同的玻璃在同一个基础上比较，区分出相对高低即可。打个比方就像大家比个子高低时谁重谁个子就高，如果大家胖瘦都一样这招肯定管用，但 Low-E 玻璃诞生后这个平衡就打破了，对 Low-E 玻璃来说可见光透过可以很高、红外线透过可以很低，曲线形态可以很苗条（图18），换句话说

Low-E 玻璃的透过曲线形态变了，不再是直线型而是凸起的山型，因此再用遮阳系数衡量肯定就不准确了，必须探求新的衡量参数，即找到合适的尺子量高度。那么什么参数才能准确衡量透过玻璃太阳热能呢？

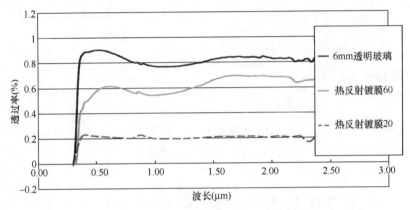

图 19　6mm 透明玻璃、透过率 20%、60% 的热反射镀膜玻璃太阳光谱透过曲线

 ## 66. 太阳红外热能总透射比 g_{IR} 能准确衡量玻璃的遮阳性能吗？

既然太阳光中的红外线热辐射透过玻璃的多少决定了建筑玻璃节能性，那么"太阳红外热能总透射比 g_{IR}"就是准确的衡量参数，2015 年修订的国家标准 GB/T 2680 给出的定义是：在太阳光谱近红外波段 780~2500nm 范围，直接透过玻璃的太阳辐射强度和玻璃吸收太阳能经二次传热透过的部分之和与该波长范围入射太阳辐射强度的比值。简单点说就是太阳光中的红外线热辐射能量有多少，透过玻璃后的热辐射能量还剩多少再加上把玻璃晒热后传递的热能就是透过玻璃的热能总量，这个透过热能总量与太阳光中热能总量的比值就是 g_{IR}，显然这正是我们真正需要的节能参数，它才能准确衡量玻璃的隔热性能。

67. 怎样用 Window 软件计算 g_{IR}？

首先你已经从 LBNL 网站上免费下载了 Window6 软件，还需要再修改标准文件加入才能使用 Window 软件计算 g_{IR}，以 Window6 软件为例具体修改及设置步骤如下：

（1）打开电脑 C 盘目录 C：/Program Files/LBNL/LBNL Shared/Standards，用写字板程序打开 NFRC _ 300 _ 2003. std 文件，屏幕显示如图 20 所示：

```
Standard Description : Consistent with NFRC 300-2003 + emittance calcs
Standard Provides Methods: SOLAR, PHOTOPIC, THERMAL IR, TDW

Name : SOLAR
Description : NFRC 300-2003 Solar
Source Spectrum : ASTM E891 Table 1 Direct AM1_5.ssp
Detector Spectrum : None
Wavelength Set : Source
Integration Rule : Trapezoidal
Minimum Wavelength : 0.3
Maximum Wavelength : 2.5
```

图 20　NFRC _ 300 _ 2003. std 文件电脑截屏图

将文件名另存为 JGJ 151 _ 780-2500. std，修改如下 6 处内容并在原文件夹中保存此文件（图 21），其中前二处修改的内容是说明性质与计算无关：

（2）启动 Window6 软件，点击左上角 File 下拉菜单中的 Preferences（图 22）；

出现图 22 屏幕后点击 Optical Data，再点击 Browse（图 23）；

出现图 23 屏幕后选择 Standards 文件夹，并点击选择 JGJ 151 _ 780-2500，打开并确定（图 24）。

至此完成全部修改，可用 Window6 软件计算"太阳红外热能总透射比 g_{IR}"，需要注意的是，此时计算结果所显示的"$SHGC$"已经不代表太阳得热因子而是 g_{IR}（图 25）。

```
Standard Description : Consistent with JGJ 151-2008
Standard Provides Methods: SOLAR, PHOTOPIC, COLOR_TRISTIMX,
COLOR_TRISTIMY, COLOR_TRISTIMZ, THERMAL IR, TUV, SPF, TDW, TKR

Name : SOLAR
Description : ISO 9050-2003 Solar
Source Spectrum : ISO 9845 Table 1 Raw Global AM1_5.ssp
Detector Spectrum : None
Wavelength Set : Source
Integration Rule : Trapezoidal
Minimum Wavelength : 0.78
Maximum Wavelength : 2.5
```

图 21　修改后 JGJ 151 _ 780-2500. std 文件电脑截屏图

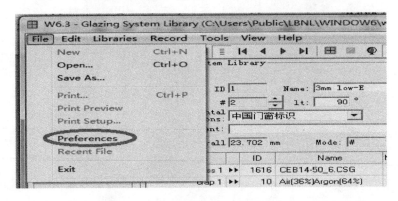

图 22　操作过程电脑截屏图

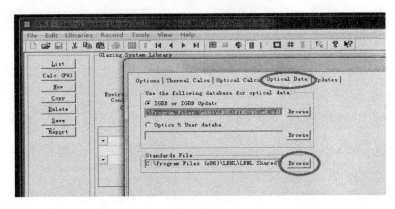

图 23　操作过程电脑截屏图

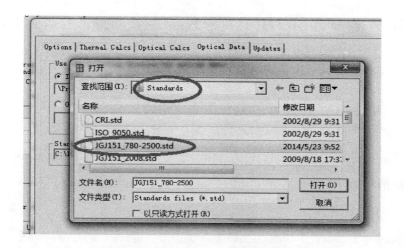

图 24　操作过程电脑截屏图

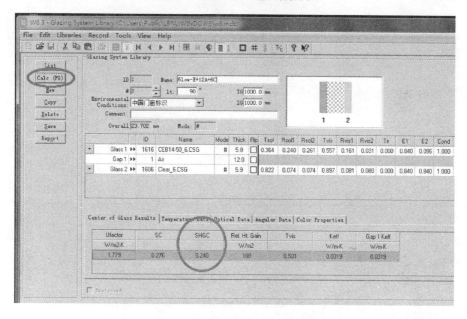

图 25　计算 g_{IR} 结果的电脑截屏图

68. 透光率相同的单银 Low-E、双银 Low-E、三银 Low-E 有怎样的 g_{IR} 值？

仍以前述透光率相同的单银 Low-E、双银 Low-E、三银 Low-E

产品为例，由 Window 软件计算得出的太阳红外热能总透射比 g_{IR} 列于表 9。对比表中参数可以看出，用遮阳系数 S_c 衡量遮阳效果，双银 Low-E 的 S_c 值仅比单银 Low-E 降低了约 28%，对改善玻璃遮阳性能的贡献比重不大，似乎不必花代价追求。若用太阳红外热能总透射比 g_{IR} 衡量的话，双银 Low-E 的 g_{IR} 值比单银 Low-E 降低了 60%，这意味着透过双银 Low-E 的太阳热能仅为透过单银 Low-E 的 40%，这可就值得花代价追求了。再来看看三银 Low-E，透过它的太阳热能仅为透过单银的 13%、双银的 33%，对玻璃遮阳性能的贡献做到了极致，三银 Low-E 真正达到了"透光不透热"的境界，这就太值得花代价追求了！

表 9　透光率相同的单银 Low-E、双银 Low-E、三银 Low-E 中空的主要光热参数

玻璃种类结构	透光率 (%)	传热系数 K [W/(m²·K)]	遮阳系数 S_c	太阳红外热能总透射比 g_{IR}
6 单银 LE ＋12A＋ 6C	65	1.8	0.55	0.30
6 双银 LE ＋112A＋ 6C	63	1.7	0.40	0.12
6 三银 LE ＋12A＋ 6C	65	1.6	0.33	0.04

注：LE 表示 Low-E 膜，A 表示空气层，6C 表示 6mm 白玻。

69. 遮阳系数相同的单银 Low-E、双银 Low-E、三银 Low-E 的 g_{IR} 值有多大差别？

前已述及遮阳系数相等的单银 Low-E、双银 Low-E、三银 Low-E 的节能性存在差别，但这个差别到底有多大呢？表 10 是前述遮阳系数同为 0.38 的三款 Low-E 产品的参数，对比表中参数可以看出，双银 Low-E 的太阳红外热能总透射比仅为单银 Low-E 的 38%，这说明又有多达 60% 的太阳热能被挡在了室外，对空调节能贡献的比例之大超乎想象。三银 Low-E 的遮阳性能更为优异，其 g_{IR} 值更是仅为单银的 14％，即便与双银 Low-E 相比，也多过滤掉了 60％的太阳热能。因此尽管遮阳系数相同，它们节能性能仍然差别巨大。

经过上述对比我们可以得出这样一个结论：对三银 Low-E 玻璃而言选择时仅须考虑透光率、反射率和外观颜色等因素，根本不必考虑遮阳系数的值，因为无论其遮阳系数 S_c 值多大透过玻璃的太阳红外热能总量都不超过 4％，遮阳性能已经达到了超级高的水平。直白点说吧，遮阳系数这个草包肚子里装的都是可见光的能量，热能已少到可忽略不计的程度了还考虑它干啥？

表 10　遮阳系数 S_c 值相同单银 Low-E、双银 Low-E、三银 Low-E 中空的主要光热参数

玻璃种类结构	透光率（％）	传热系数 K [W/(m²·K)]	遮阳系数 S_c	太阳红外热能总透射比 g_{IR}
6 单银 LE＋12A＋6C	45	1.8	0.38	0.21
6 双银 LE＋12A＋6C	55	1.7	0.38	0.08
6 三银 LE＋12A＋6C	69	1.6	0.38	0.03

注：LE 表示 Low-E 膜，A 表示空气层，6C 表示 6mm 白玻。

70. 什么是玻璃的光热比 *LSG*？

在实际使用中，透过玻璃的光与透过玻璃的太阳能关乎采光和隔热性能，二者的关联度很大且与玻璃的品种密切相关，反映这个关联度的参数就是"光热比 *LSG*"，国家标准《建筑玻璃　可见光透射比、太阳光直接透射比、太阳能总透射比、紫外线透射比及有关窗玻璃参数的测定》（GB/T 2680）的定义是：可见光透射比与太阳能总透射比的比值。

光热比 *LSG*＝透光率 *T*/太阳能总透射比 *g*

通过 *LSG* 可一目了然地看出来透过玻璃可见光多还是太阳总能量多，比例是多少。注意，其中的透光率 *T*、太阳能总透射比 *g* 是最终玻璃结构产品的值。

例如 A 玻璃的 $LSG=1$，说明其透光率与太阳总能总透射比的在数值上是一样的；若 B 玻璃的 $LSG=2$，说明其透光率比太阳能总透射比高出一倍，即透光多透热少。

71. 光热比 LSG 与选择系数 r 有什么关系？为什么还用选择系数 r？

选择系数 r 是早期镀膜玻璃制造行业用来比较镀膜玻璃产品透光与透热孰多孰少的参数，其含义与光热比相同，其定义式为：

$$选择系数\ r = 透光率\ T/\ 遮阳系数\ S_c$$

考虑到遮阳系数 S_c 与太阳能总透射比 g 关系（$g = 0.87 \cdot S_c$）可得出二者之间的换算关系为：选择系数 $r=0.87 \cdot$ 光热比 LSG

既然二者之间相关为何还要采用选择系数呢？这是因为目前的建筑节能设计标准仍采用 S_c 为衡量玻璃遮阳性能的指标，为了便于实际工作中的使用仍保留了选择系数，今后若节能设计标准采用太阳得热因子（即太阳能总透射比）时再采用 LSG。

72. 不同镀膜玻璃的选择系数有哪些特点？

对于不同种类的玻璃，选择系数 r 的范围不同，以下是由我国标准遮阳系数确定的范围（用美国标准确定的范围略高于此值）：

透明玻璃、着色玻璃：　　　$r<1$

热反射镀膜玻璃：　　　　　$r<1$

单银 Low-E 玻璃：　　　　$r>1\sim1.2$（平均值 1.1）

双银 Low-E 玻璃：　　　　$r=1.3\sim1.6$（平均值 1.4）

三银 Low-E 玻璃：　　　　$r=1.6\sim2.1$（平均值 1.8）

选择系数 r 值越高，说明玻璃的透光率越高，遮阳系数越低，玻璃的采光隔热性能越好。在实际应用中可借助选择系数从事以下工作：

（1）当知道了玻璃的透光率和遮阳系数后，可据此判断出属于何种镀膜玻璃；

（2）当确定了玻璃的 S_c 值后，可估算出各种镀膜玻璃所能达到的可见光透过率范围；

（3）当确定了玻璃的透光率后，可估算出各种镀膜玻璃所能达到的 S_c 值范围。

 ## 73. 怎样用选择系数 r 判断 Low-E 玻璃是单银、双银、三银？

拿到一款 Low-E 玻璃后，无论玻璃结构是中空、夹层中空或其他结构，根据供应商提供的该款玻璃性能参数表中的透光率和遮阳系数计算出选择系数 r，并据此判断出属于哪种 Low-E 玻璃。国内外商业化生产的 Low-E 基本都可据此判断出种类，用户据此判断的准确率高达 99%。对于极个别的 Low-E 玻璃品种，选择系数或处于范围的临界点，可由专业人士结合其他因素（K 值，外观颜色等）作出判断。

 ## 74. 遮阳系数 S_c 设定后如何用选择系数 r 推断玻璃的透光率？

现行建筑节能设计标准要求满足节能参数是硬性指标，实际设计工作中往往先确定玻璃 S_c 值的上限，之后根据采光及外观需要选择玻璃的透光率，借助选择系数 r（取平均值计算）可推算出合理的透光率选择范围，此时选择系数类似于倍增系数，以下举例说明：

例一、若节能设计要求：$S_c \leqslant 0.35$

　　　　玻璃合理的透光率＝S_c×选择系数 r

　　　　选择单银 Low-E：平均透光率～40%

　　　　选择双银 Low-E：平均透光率～49%

　　　　选择三银 Low-E：平均透光率～63%

例二、若节能设计要求：$S_c \leqslant 0.4$

　　　　选择单银 Low-E：平均透光率～44%

选择双银 Low-E：平均透光率～56％

前已述及所有的三银 Low-E 都能满足遮阳性能要求，仅选择需要的透光率即可。需要强调说明的是，Low-E 膜在制造时为了满足外观颜色、反射率等要求必须以牺牲部分光热性能为代价，正所谓鱼和熊掌不可兼得，因此以推算出的平均透光率为设计上限指标更为合理，即如上例 $S_c \leqslant 0.35$，双银透光率 $\geqslant 49\%$。

75. 透光率设定后怎样用选择系数 r 寻找满足遮阳系数要求的玻璃？

对于更注重采光和透视效果设计的建筑，首先会确定玻璃的透光率不得低于某个下限值，之后再筛选出满足遮阳指标的玻璃品种，借助选择系数 r（取平均值计算）可推算出何种玻璃能满足节能指标，以下举例说明：

若玻璃的透光率设计要求：$T \geqslant 50\%$

则玻璃合理的遮阳系数 S_c＝透光率 T/选择系数 r

有以下几个选项：选择单银 Low-E　S_c 值～0.45

选择双银 Low-E　S_c 值～0.35

显然单银 Low-E 的 S_c 值偏高，或不能满足遮阳设计指标要求，而双银 Low-E 的 S_c 值是满足要求的，所有的三银 Low-E 不必计算肯定满足要求，此时要么选择双银 Low-E，要么降低透光率要求，或者干脆追求更高级的三银 Low-E。既要求透光率很高，又要求遮阳系数很低，又要省钱用单银 Low-E，这就像要求 1＋1＝3，只有假参数能做到了。

76. 影响 Low-E 中空玻璃传热系数 K 值的因素有哪些？

中空玻璃传热系数的计算公式太繁琐就不在此列出了，有兴趣的读者可查看《建筑门窗幕墙热工计算规程》（JGJ 151）或《建筑玻璃应用技术规程》（JGJ 113）标准，根据传热系数 K 值计算公式中涉及的变量可以确定影响 K 值因素有：气体间隔层（气体腔）数、各气体层的厚度、各气体腔内气体的热阻、各片玻璃内表面的辐射率、各片玻璃厚度之和。其中玻璃厚度的影响微弱，研究其他 4 个因素对 K 值的影响趋势和程度可为制造更节能的中空玻璃指明方向。

77. Low-E 中空玻璃气体层厚度是否越厚越好？

以常用的单腔 Low-E 中空为例，通过测量不同空气层厚度的 Low-E 中空玻璃可以得出 K 值随空气层厚度的关系（图 26），其中我国标准 K 值和美国标准冬季 U 值曲线基本吻合，空气层为 6mm 时 K 值最高，为 9mm 时 K 值降低了约 $0.4[\mathrm{W}/(\mathrm{m}^2 \cdot \mathrm{K})]$，当降至 12mm 时 K 值达到最低值，因此 12mm 应是最佳的空气层厚度。当空气层厚度再增加时 K 值反而逐渐升高了，结果显示气体层并不是越厚越好，而是有一个最佳厚度 12mm。

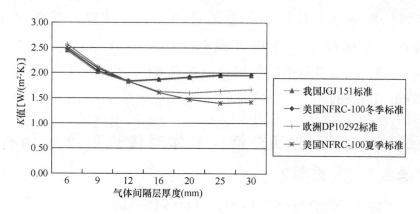

图 26　Low-E 中空玻璃的 K 值随空气层厚度变化曲线

是什么原因造成了这个反转现象呢？实际上气体层传递热量有两个途径：第一个途径是分子层面的，通过气体分子之间的相互碰撞扩散将热量传递到另一端，气体层越厚传递过程中分子损失能量越多，宏观上表现出来就是气体层越厚其热阻值就越大，热量传递的就越少，这个途径传递的热量与气体层厚度成反比；第二个途径是气体定向流动层面的，与热玻璃表面（冬季靠室内面）接触的气体受热后产生向上定向流动的趋势，而与冷玻璃表面（冬季靠室外面）接触的气体则产生向下定向流动的趋势，结果就形成了气体环流传热，气体层薄时由于受到气体内部黏滞力的限制仅能形成小范围的环流，因此所传递的热量很少，而气体层厚度增大时黏滞力的限制减弱形成的环流范围增大，传递的热量随之增多，这个途径传递的热量与气体层厚度成正比。简单地说，气体层薄时第一个途径的传热占据主导地位，K值随气体层厚度增大会降低，气体层厚到一定程度时第二个途径的传热占据主导地位且影响更大，此时K值就会增大。

为什么欧洲标准和美国标准夏季U值不遵循上述规律呢？其实也是遵循的，如果气体层两侧玻璃的温度差很小，即热玻璃不够热冷玻璃不够冷，那么靠近玻璃表面的气体所产生的定向流动趋势就很弱，气体环流传递的热量仅在气体层更厚时才能占据主导地位，因此最佳气体层厚度会随着两片玻璃之间的温差减小向厚延伸。我国标准和美国标准冬季条件室内外温差近40℃、气体层的最佳厚度在12mm；欧洲标准条件室内外温差15℃，气体层的最佳厚度在16mm；美国标准夏季条件的温差最小仅8℃，故气体层的最佳厚度为25mm（图26）。

78. 中空玻璃充惰性气体对传热系数 K 值有多大贡献？

中空玻璃充惰性气体的目的是降低传热系数K值并提高隔声性能，为此需选择分子量大、热阻值高于空气、自然界含量丰富且易于制备的惰性气体，氩气无疑是最佳选择。充氩气后能对中空玻璃的K值作出多大的贡献呢，为了对比方便仍采用与上一问题中相同的Low-E中空玻璃，充85%的氩气后测得的K值数据如图27所示，对比图26与图27可以得出两个结论：首先充氩气后无论气体层厚度如何K值都降低了，气体层薄降低的幅度大，约0.3W/（m^2·K）；

气体层厚 12mm 以上降低的幅度小，约 $0.2W/(m^2 \cdot K)$，这说明惰性气体限制分子碰撞换热非常有效；其次充氩气后 K 值随厚度变化的趋势与空气相同，即最佳气体层厚度值也落在 12mm。

由此可见充氩气可降低 K 值约 $0.2W/(m^2 \cdot K)$，需要注意的是氩气的实际充装率不可能达到 100%，因为空气中就含有氩气，在充气过程中纯氩气会与空气混合而降低氩气的纯度，无论充气速率多慢这种混合过程都是无法避免的。自动化中空生产线的充装率一般可达到 85% 以上，因此用 Window 软件计算 K 值参数时切勿选 100% 氩气，即便计算出来也是虚假的理论值，因为实际值根本达不到。

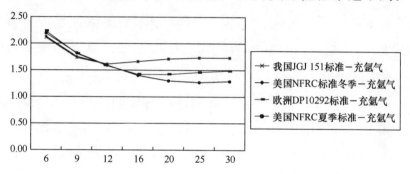

图 27 Low-E 中空玻璃的 K 值随氩气层厚度变化曲线

79. 中空玻璃充惰性气体有哪些利弊？

中空玻璃充氩气可以降低传热系数 K 值，同时可提高计权隔声量 R_w 值，这可提高中空玻璃的节能性能和隔声效果，这是有利的一面。但必须认识到充装的氩气会泄露，随着时间的推移中空玻璃的 K 值也会随氩气泄露而升高，实际设计中如果依据充氩气的初始 K 值计算暖通诸参数就会面临未来供暖量不够的风险，这是不利的一面。国家标准规定充氩气中空玻璃寿命终了时的氩气保有率不应低于初始值得 75%，按初始充装率 85% 计算大约是 64%，对应的 K 值大约升高 $0.1W/(m^2 \cdot K)$。从投入产出的角度来看，充氩气中空玻璃在寿命期内获得节能回报远大于充氩气的费用，这是有利的一面因此值得做，但在设计取值时最好取充与未充氩气 K 值的中间值，即寿命期终了时的 K 值为好。

80. Low-E 玻璃的辐射率对中空玻璃 K 值影响有多大？

通过镀 Low-E 膜降低玻璃的表面辐射率从而大幅降低中空玻璃的 K 值，是提升中空玻璃节能性能最有效的技术手段，目前尚无新的技术可以替代。Low-E 膜技术对遮阳性能的提升前面已经谈到过，进一步降低 Low-E 膜的辐射率肯定会降低中空玻璃的 K 值，但降低的幅度有限，图 28 是 6mm＋12A＋6mm 结构的 Low-E 中空玻璃的 K 值随 Low-E 膜辐射率变化的曲线，从图中可以看出即便辐射率降至 0.01 的超低水平，K 值也不过从 $1.8W/(m^2 \cdot K)$ 降至 $1.6W/(m^2 \cdot K)$ 左右，与充氩气获得的效果相当，但制造难度和成本却不可同日而语，因此不值得专门为此目的花费代价，好在我们为追求遮阳性能而制造双银 Low-E、三银 Low-E 时附带获得了低辐射率，这个锦上添花的额外贡献确是却之不恭的。

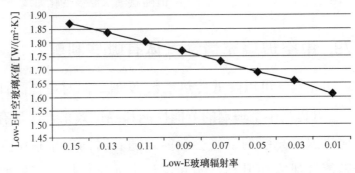

图 28 Low-E 中空玻璃中膜层辐射率与 K 值的关系曲线

81. 室内面 Low-E 膜对降低中空玻璃 K 值能作出多大贡献？

室内面 Low-E 膜技术就是在玻璃的室内侧表面镀 Low-E 膜，这要求膜层必须耐磨损、抗划伤、耐腐蚀，目前新技术制造的无银 Low-E 膜和传统的在线 Low-E 膜可以满足室内环境的使用要求，为什么这样能进一步降低 K 值？

已经知道室内、外通过玻璃传递的热量由三部分构成：①室外空气与玻璃表面交换的热量，简称室外换热；②透过玻璃本体传递的热量，简称玻璃传热；③室内空气与玻璃表面交换的热量，简称室内换热。以往仅在玻璃本体上花工夫，例如做成中空、真空玻璃并在其内部玻璃表面上镀膜等，这些技术手段只能降低玻璃传热。要想降低室内、外空气与玻璃表面的换热量也可采用镀 Low-E 膜降低表面辐射率实现，因室外的环境对膜层的耐受性要求非常高，目前的技术实现起来有难度，故暂不考虑在室外换热上做文章，但是可用室内面 Low-E 膜减少室内换热，与原来仅靠玻璃传热的贡献降低 K 值变为玻璃传热＋室内换热的共同贡献降低 K 值，其优点在于既不改变玻璃结构又不增加玻璃重量但可以进一步降低 K 值，以下对比常用的夹层玻璃、Low-E 中空玻璃加室内面 Low-E 膜的节能参数（表 11）。

表 11　常用夹层玻璃、单银 Low-E 中空玻璃加室内面 Low-E 膜的参数对比

名称	玻璃结构	透光率（%）	传热系数 K ［W/（m²·K）］	遮阳系数 S_c	太阳红外热能总透射比 g_{IR}
Low-E 中空	6LE＋12A＋6C	56	1.85	0.52	0.35
Low-E 中空＋无银 LE	6LE＋12A＋6LE（4 号）	54	1.53	0.49	0.30
Low-E 中空＋无银 LE（充氩气）	6LE＋12Ar＋6LE（4 号）	54	1.35	0.48	0.30

注：LE 表示 Low-E 膜，A 表示空气层，Ar 表示充氩气，6C 表示 6mm 白玻，PVB 为夹层材料。

对比 K 值可以看出，加室内面 Low-E 膜（无银 Low-E）后单银 Low-E 中空的 K 值降低至 1.53W/(m² · K)，若充氩气则可降低至 1.35W/(m² · K)，降幅非常可观。

82. 多腔 Low-E 中空玻璃对降低 K 值能作出多大贡献？

我们已经知道单腔中空玻璃的气体层厚度超过 12mm 后，因气体定向环流传热量增多而导致 K 值升高，如果插入一片玻璃或其他板材分隔气体层就会限制气体环流传热，叠加后气体层的总厚度可以很大，既能增大气体总热阻又降低了环流传热量，这就是多腔中空的优势，表 12 列出了几款不同腔体不同 Low-E 膜配置的中空玻璃主要光热参数。

表 12　多腔中空玻璃不同 Low-E 膜层配置的主要光热参数

名称	中空玻璃结构	透光率（%）	传热系数 K [W/(m² · K)]	遮阳系数 S_c	太阳红外热能总透射比 g_{IR}
双腔白玻	6C＋12A＋4C＋12A＋6C	74	1.76	0.77	0.70
双腔白玻（充氩气）	6C＋12Ar＋4C＋12Ar＋6C	74	1.63	0.77	0.70
单腔 LE	6LE＋12A＋6C	72	1.81	0.65	0.46
单腔 LE（充氩气）	6LE＋12Ar＋6C	72	1.53	0.65	0.45
双腔 LE	6LE＋12A＋4C＋12A＋6C	65	1.33	0.60	0.41

续表

名称	中空玻璃结构	透光率 （%）	传热系数 K ［W/ $(m^2 \cdot K)$］	遮阳系数 S_c	太阳红外热能总透射比 g_{IR}
双腔 LE （充氩气）	6LE＋12Ar＋4C＋ 12Ar＋6C	65	1.15	0.60	0.41
双腔双 LE	6LE＋12A＋4LE＋ 12A＋6C	57	1.03	0.53	0.32
双腔双 LE （充氩气）	6LE＋12Ar＋4LE＋ 12Ar＋6C	57	0.84	0.52	0.31
双腔三 LE	6LE＋12A＋4LE＋ 12A＋6LE（6 号）	56	0.92	0.50	0.28
双腔三 LE （充氩气）	6LE＋12Ar＋4LE＋ 12Ar＋6LE（6 号）	56	0.76	0.50	0.29

注：以典型的高透单银 Low-E 膜为例对比，LE 表示 Low-E 膜，A 表示空气层，Ar 表示充氩气，室内面膜为无银 Low-E。

对比表中参数可以得出如下结论：

（1）双腔白玻中空的 K 值与单腔 Low-E 中空相当，但重量多出 $10kg/m^2$、厚度多出 16mm，安装它需要更大尺寸的窗框、更耐用的开启窗铰接件，因此综合费用未必低。实际上早期研发 Low-E 膜的目的就是为了降低玻璃的重量和厚度尺寸，如今还这样做就像如同还在用键盘手机。

（2）双腔 Low-E（单层 Low-E）仅增加气体腔就使 K 值降低至 $1.33W/(m^2 \cdot K)$，低于 $1.4W/(m^2 \cdot K)$ 这个台阶值，因为低于此值的玻璃与规模化生产的 K 值 $2.5W/(m^2 \cdot K)$ 的断热型材窗框配合可将整窗的传热系数降至 $1.8W/(m^2 \cdot K)$ 以下。假设在整窗外立面中玻璃的面积占 70%，框的面积占 30%，加权平均计算整窗 K 值如下：

$$整窗的\ K\ 值 = 玻璃\ K\ 值 \times 70\% + 窗框\ K\ 值 \times 30\%$$
$$= 1.4 \times 0.7 + 2.5 \times 0.3$$
$$= 1.73W/(m^2 \cdot K)$$

（3）内部再增加一层 Low-E 构成双腔双 Low-E 后 K 值降低至 1.0W/(m² · K)左右，由此可见增加气体腔和增加 Low-E 膜的贡献同样非常之大。玻璃的 K 值低于 1.0W/(m² · K)是第二个台阶值，与 K 值 2.5W/(m² · K)的断热型材窗框配合可使整窗的 K 值低于 1.5W/(m² · K)，加权平均计算整窗 K 值如下：

$$整窗的\ K\ 值 = 玻璃\ K\ 值 \times 70\% + 窗框\ K\ 值 \times 30\%$$
$$= 1.0 \times 0.7 + 2.5 \times 0.3$$
$$= 1.45W/(m^2 \cdot K)$$

（4）室内面 Low-E 膜的作用同样巨大，如果把所有能降低 K 值的技术手段都用上，例如双腔体、充氩气、内层双银 Low-E 膜、室内面为无银 Low-E 膜，则 K 值可降低至 0.7W/(m² · K)以下，这是玻璃的第三个台阶值，与最好的断热型材窗框[K 值低于 1.8W/(m² · K)]配合可将整窗的 K 值降低至 1.0W/(m² · K)，加权平均计算整窗 K 值如下：

$$整窗的\ K\ 值 = 玻璃\ K\ 值 \times 70\% + 窗框\ K\ 值 \times 30\%$$
$$= 0.7 \times 0.7 + 1.8 \times 0.3$$
$$= 1.03W/(m^2 \cdot K)$$

83. 实用多腔中空怎样配置玻璃更合适？

中空玻璃的外侧玻璃承担荷载，内部分隔气体腔的玻璃会通过气压变化传递部分荷载，为了减轻中空玻璃的总重量内片玻璃应尽可能薄些，但传递荷载又要求它不能太薄，可以通过在内片玻璃上钻孔（直径 10mm 左右）平衡两侧气压解决这个矛盾，此时的内片玻璃可视为透气的弹性面板材料，计算玻璃承受的荷载时可忽略它的存在。以往中空玻璃的内片多采用 4mm 厚的玻璃，钻孔后可以采用薄至 2mm 的玻璃，为了增加玻璃的抗温差变化能力也可采用 2～3mm 钢化玻璃。目前国内已能制造薄玻璃钢化生产线，生产工艺也趋于成熟，修订后的相关应用标准不再限定内片玻璃厚度，因此已具备实际应用的条件可规模化推广使用。图 29 是已用于幕墙的双腔中空玻璃照片，其中间层玻璃为 3mm 白玻，Φ10mm 的孔清晰可见。

图 29　南玻 B 办公楼用的双腔中空
（10 三银 Low-E＋12A＋3C＋12A＋6C）

 ## 84. 中空玻璃暖边间隔条有什么作用？

中空玻璃暖边间隔条的主要作用是，防止玻璃边部结露、降低玻璃边部的热量损失。中空玻璃的传热系数 K 值仅表示玻璃中部区域的性能，没有考虑到玻璃边部的影响，实际上边部是由间隔框和密封胶将玻璃连接为一体的，热量主要通过固体间传导的方式传递，这个部位的 K 值明显高于中部区域，实际使用中玻璃边部的热量损失会增大并导致冬季室内玻璃边部温度过低而结露。暖边间隔条正是为解决这些问题而设计的，常用铝间隔条的导热率高［约 160W/（m·K）］，暖边间隔条采用低导热率的不锈钢［约 17W/（m·K）］甚至更低

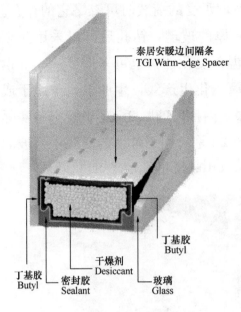

泰居安暖边间隔条
TGI Warm-edge Spacer

丁基胶
Butyl

干燥剂
Desiccant

玻璃
Glass

丁基胶
Butyl

密封胶
Sealant

图30   不锈钢聚丙烯复合中空
玻璃暖边间隔条示意图

导热率的聚丙烯[约 0.22W/(m·K)]组合制成，或由丁基密封胶、干燥剂和支撑材料组合制成。图 30 是一款常用的不锈钢聚丙烯复合暖边间隔条，它具有一定的刚性支撑强度，因此既适合制造门窗用中空玻璃更适合制造幕墙用中空玻璃。仅由丁基密封胶、干燥剂制成的柔性暖边间隔条因刚性支撑强度差仅适合于制造门窗用中空玻璃，不能用于幕墙中空玻璃。

采用暖边间隔条的中空玻璃，冬季室内玻璃边部温度大约可提高 3℃，防止结露的作用非常明显，整窗的 K 值降低约 0.1[W/(m^2·K)]。

85. 隔热 PVB 夹层玻璃与室内面 Low-E 膜结合有什么优势?

PVB 膜是最常用的夹层玻璃中间层材料，隔热 PVB 膜是在其中添加具有红外线吸收功能的纳米陶瓷材料制成的，隔热 PVB 夹层玻璃具有很高的透光率，同时又具有很强的太阳红外热辐射的吸收率，从而极大地衰减了透过玻璃的太阳直接辐射热（图 31），但因为吸热的缘故玻璃本身温度偏高，此外其传热系数 K 值与普通夹层玻璃相当[约 5.2W/(m^2·K)]，保温性能没有改善。形象地说，在这种玻璃后面晒着太阳不热，摸着玻璃热。尽管如此，隔热 PVB 夹层玻璃显著降低遮阳系数 S_c 值的特点使其具有广泛的用途，作为透明遮阳板玻璃特别适用于开放空间不需要保温但需要遮阳的部位，例如室外广场的玻璃采光遮阳顶棚或开发空间的玻璃采光顶。

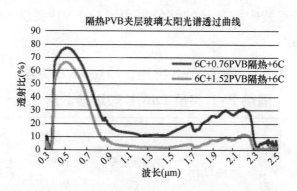

图 31 隔热 PVB 夹层玻璃的太阳光谱透过曲线

隔热 PVB 夹层玻璃的不足之处是传热系数 K 值高、保温性能差，为了弥补这一缺陷可利用室内面 Low-E 膜降低 K 值的优势，将隔热 PVB 夹层玻璃与室内面 Low-E 组合成"隔热 PVB 夹层 Low-E 玻璃"，这样可将两者的优势合二为一，既能发挥隔热 PVB 降低遮阳系数 S_c 的优势，又能体现 Low-E 膜降低 K 值的贡献。组合后隔热 PVB 夹层 Low-E 玻璃的光热性能大为改善，太阳光谱红外波段的透射比进一步降低（图 32），尤其可抑制波长在 $1.5\sim2.3\mu m$ 波段偏高的红外热辐射透射比。

与普通夹层玻璃相比，隔热 PVB 夹层 Low-E 玻璃的遮阳系数 S_c 值由 0.89 降至 0.49，传热系数 K 值由 $5.2W/(m^2 \cdot K)$ 降至 3.4

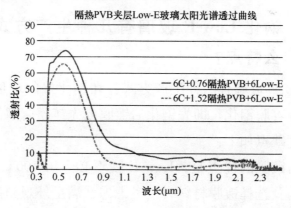

图 32 隔热 PVB 夹层 Low-E 玻璃太阳光谱透过曲线

W/(m² • K)，降幅均高达 34％以上（表 13），节能性能显著提升，在无法或不便于安装中空玻璃的部位采用隔热 PVB 夹层 Low-E 玻璃不失为最佳选择。

表 13　普通 PVB 夹层、隔热 PVB 夹层、
隔热 PVB 夹层 Low-E 玻璃参数对比

名称	玻璃结构	透光率（％）	传热系数 K [W/(m² • K)]	遮阳系数 S_c	太阳红外热能总透射比 g_{IR}
普通 PVB 夹层	6C+1.52PVB+6C	87	5.2	0.89	0.82
普通夹层＋无银 LE	6C+1.52PVB+6LE（4 号）	86	3.4	0.85	0.70
隔热 PVB 夹层	6C+1.52 隔热 PVB+6C	64	5.2	0.57	0.40
隔热 PVB 夹层＋无银 LE	6C+1.52 隔热 PVB+6LE（4 号）	62	3.4	0.49	0.29

注：1.52 表示 PVB 胶片厚度，LE 表示 Low-E 膜，4 号表示无银 Low-E 膜位于室内面。

86. 钢化 Low-E 玻璃有几种生产方式？各有什么特点？

钢化 Low-E 玻璃有两种生产方式：在钢化好的玻璃上镀膜，或先镀膜后再带着膜钢化，即先钢化后镀膜或先镀膜后钢化。这两种生产方法各自优缺点如下：

先钢化后镀膜的优点是，Low-E 膜不必经历 500℃以上的高温，设计膜层结构及选择镀膜材料时仅考虑怎么满足外观颜色要求、怎样获得需要的透光率、反光率及优异的光热性能，而不必顾及膜层能否耐高温及高温对 Low-E 膜性能、外观造成的变化，因此这种方式制造的 Low-E 膜品种多、光热性能优异、颜色均匀性好，玻璃平整度好。这种生产方式集镀膜、钢化、中空、夹层生产于一厂内完成（俗称原厂生产），便于产品质量综合控制，属于高端订制型生产方式，适用于玻璃幕墙和高档门窗。唯一的不足之处是不能在弯玻璃上镀膜。

先镀膜后钢化的优点是，膜层可以经受高温因此可以镀 Low-E 膜后再钢化，镀膜生产的效率高、成本低，可销售给下游厂家先加工钢化后合成中空，可制造弯钢化 Low-E 玻璃和双曲面热弯 Low-E 玻璃用于幕墙玻璃。缺点是能经历高温的 Low-E 膜品种少，带膜钢化时由于 Low-E 膜反射热辐射导致玻璃两面受热不均匀而使平整度变差，高温造成的膜层化学成分不均匀变化（如再氧化）会导致外观颜色不均匀。这种生产方式可借助下游厂家的中空产能扩大市场供应量，属于普及型生产方式，因价格优势更适用于门窗玻璃，用于幕墙玻璃会有外观平整度、颜色均匀性差的风险。

第三章　其他应用问题

87. 不同气候区域选择玻璃节能参数应偏重什么?

玻璃的节能参数有两个指标,遮阳系数 S_c 值和传热系数 K 值,这两个指标哪个对建筑节能的贡献大既取决于建筑物所在地区的气候条件也取决于建筑物的使用功能。

建筑节能设计标准根据不同气候区域给出了门窗或玻璃幕墙的限定性指标,在满足该指标的前提下,空调能耗占比重更大的地区应选择更低遮阳系数的玻璃,例如夏热冬暖地区,研究显示该地区全年能耗中太阳辐射造成的能耗约占 85%,而温差传热的能耗仅占 15%,显然该地区必须最大限度地遮阳才能获得最好的节能效果;采暖能耗占比重更大的地区应选择更低传热系数的玻璃,例如严寒地区夏季时间短,而冬季时间长且室外温度低,保温成为主要矛盾,更低的 K 值更有利于节能。实际上无论哪个气候区域,K 值无疑越低越好,只是降低 K 值也是要花代价的,如果它在节能贡献中占的比重小就不必追求,当然不要钱白给可以。可以得出这样的结论:K 值越低保温性能越好,它对建筑节能的贡献从北到南逐渐降低,在满足节能标准规定的前提下可根据成本因素考虑是否需要更低。遮阳系数 S_c 越低,对夏季节能有利,对冬季节能有弊,存在异议较多的是夏热冬冷地区的居住建筑、寒冷地区的公共建筑要不要进一步遮阳的问题,可根据建筑的使用功能进行分析,作出利大于弊的选择。

88. 公共建筑是否应选择更低遮阳系数的玻璃?

公共建筑的特点是:①门窗幕墙的密封性好、不易随意开窗通风，室内电器设备产生的热量和透过玻璃进入的太阳热能会在室内聚集，即便在过渡季节仅靠自然通风换气也不易带走室内聚集的热量；②基本在白天使用，此时阳光照射持续聚集热量，尽管这些热量在夜晚会散发出去但白天仍聚集在室内，要想温度适宜只能被迫开空调去除这些热量；③夏季为克服阳光热能所花费空调能耗远大于冬季阳光补充采暖所省的暖气能耗，这是因为夏季阳光的照射强度远大于冬季，且日照时间更长所致。这三个特点决定了公共建筑的门窗幕墙应选择遮阳系数 S_c 尽可能低的玻璃，这样才能取得最佳的节能效果。广东省建筑科学研究院对北京、重庆地区的公共建筑（写字楼、酒店等）全年用电量的统计分析结果证实了这一结论。

重庆地区公共建筑全年用电量分布显示如图 33 所示，夏季是用电量高峰期，其中空调是电耗的主力，写字楼的电耗远高于其他建筑，即便在过渡季节也是如此。重庆是典型的夏热冬冷气候区，这个气候区的公共建筑必须进一步遮阳才能有效降低全年电耗，选择双银或三银 Low-E 中空玻璃能获得最佳节能效果。

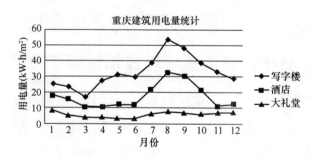

图 33　重庆地区公共建筑全年用电量统计

北京属于典型的寒冷地区，北京公共建筑全年用电量统计如图 34 所示，这个地区的公共建筑该不该遮阳呢，对比以下实际采集的数据可以得出结论：

写字楼年空调电耗约 170kW · h/m²，年采暖能耗为 30～90 kW · h/m²；

酒店年空调电耗约为 150kW · h/m²，年采暖能耗为 40～90

kW·h/m²;

商场年空调电耗约为 310kW·h/m²，年采暖能耗为 10~60 kW·h/m²。

显然北京公共建筑的空调能耗高于采暖能耗，这说明寒冷地区的公共建筑也必须遮阳才能有效降低全年电耗，同样双银 Low-E、三银 Low-E 中空玻璃是最佳选择。笔者曾建立模型计算分析过严寒地区公共建筑的能耗，得出结论与寒冷地区的情况基本相同，即该地区的公共建筑也应该遮阳，尽管遮阳获取的节能回报小于寒冷地区但绝对值得追求。

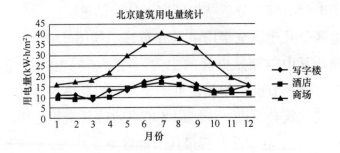

图 34 北京地区公共建筑全年用电量统计

 89. 居住建筑选择玻璃应偏重哪个节能参数？

居住建筑的特点与公共建筑恰好相反，即①便于开窗通风；②夜晚使用为主；③冬季需要阳光采暖。这些特点决定了夏热冬冷地区的居住建筑保温性能更重要，玻璃的遮阳系数适中为好，0.5 是合适值。这是因为即便是夏季，居住建筑白天的使用天数也远少于夜晚，绝大多数情况是在太阳即将落山或夜晚时使用空调，开启空调前开窗通风就能有效地散失白天室内聚集的太阳热量，而此时太阳已经落山了，遮阳与否无关紧要。更高的遮阳系数是否更好？考虑到夏季阳光热辐射和室外水平红外热辐射带来热感，适当遮阳还是十分必要的，因此遮阳系数不宜再高。冬季适中的遮阳系数不会过多限制进入室内的阳光，这有助于室内采暖。对于西立面的窗，遮阳系数一定要低，宁可牺牲冬季的阳光采暖也要保证夏季阳光西晒时不热。前已述及，夏热冬暖地区的居住建筑必须遮阳，寒冷地区和严寒地区的居住建筑除西立面外遮阳系数适当高些有利于平衡节能性和舒适性。

90. 玻璃的视线遮蔽性与哪些参数有关？

玻璃的视线遮蔽性是指从室外向室内望去视线能否被玻璃遮蔽而看得清楚室内的物体，在完全遮蔽的情况下只能看到玻璃而看不到室内的建筑结构或家具物体，即视线在玻璃表面截止，极端的例子是看半透光的镜子；在完全不遮蔽的情况下既能感觉到有玻璃存在又能透过玻璃看清楚室内的景物，极端的例子是透明白玻璃；在部分遮蔽的情况下既可清晰地看到玻璃又能隐隐约约地看到室内靠近窗玻璃处的景物，这正是目前大多数幕墙玻璃建筑追求的外观视觉效果。

玻璃的视线遮蔽性与玻璃的参数和环境的哪些因素有关？图 35 是观察者看到两束光线的示意图，观察玻璃时人眼睛接受到两束光线，一束是玻璃外表面反射出的背景光线，另一束是由室内透射出来的光线，室内的光亮度是由室外的自然光透过玻璃衰减后照射到室内，并被墙壁、天花板、地板漫反射后产生的，即便室内有人工照明但与白天室外的强光相比仍可忽略。当人眼接受到的这两束光线的强弱差超过 10 倍时就只能看到强光而看不到弱光，或者说弱光被强光湮没了，这是因为强光会使人眼的瞳孔收缩以减弱视网膜接受的光通量，这也会使进入眼睛的弱光弱到视网膜感知不到的水平。

图中符号 I_o 表示室外自然光强度，T 为玻璃的透光率，R 为玻璃的反射率，ρ 为室内漫反射系数，V 为视见函数（反映人眼感知颜色的敏感度），则个部分光线强度分别为：

照射进室内的光被玻璃衰减后光强度为 $I_o \cdot T$；

经室内物体漫反射产生的光强度为 $I_o \cdot T \cdot \rho$；

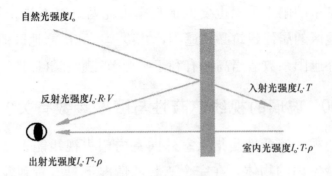

图 35 观察者看到两束光线的示意图

透过玻璃出射光强度为 $I_0 \cdot T^2 \cdot \rho$；

玻璃室外反射光强度为 $I_0 \cdot R$。

完全遮蔽的条件为：反射光强度＞出射光强度 10 倍

即： $$R \cdot V / T^2 \cdot \rho \geqslant 10$$

这为我们选择玻璃提供了方向，若不想从室外清楚地看入室内，在室内的漫反射系数一般低于 0.5 情况下，玻璃的反射率应尽可能高、透光率尽可能低就能实现，例如早期使用的反射率 30％，透光率 20％的热反射镀膜玻璃就满足上述条件，因此白天基本上无法看清室内。司法系统用于证人辨认嫌疑人的观察室也是利用这个道理，证人室的光线暗、玻璃面反射率低，嫌疑人室光线强、玻璃面反射率高，这些条件组合后满足嫌疑人看到的强光远大于证人室透射的弱光 10 倍以上即可完全隐蔽证人。

部分遮蔽的条件为：反射光强度＞出射光强度 3～6 倍

目前流行半通透幕墙玻璃设计效果，若玻璃的反射率为 30％，透光率为 45％，则强弱光比约为 5 倍，可达到部分遮蔽的效果，图 36 是采用这款玻璃的工程案例，从室外望去室内景物隐约可见，阴影处室外投射的光线变暗因此明显看到室内的窗帘。如果反射率低于 20％，透光率大于 45％则仅在反射天空背景的情况下有视线遮蔽性，有阴影处或黄昏后就很难达到视线遮蔽的效果。

图 36 玻璃幕墙视线遮蔽效果案例——南玻大厦内侧立面

 91. 玻璃幕墙窗间部位的遮蔽性怎么解决？

玻璃幕墙的窗间墙部位配置什么样的玻璃才能与窗部位玻璃的外观颜色、亮度协调一致？对透光率低、反射率高具有视线完全遮蔽性的玻璃这不是个问题，但为了增强室内的自然采光幕墙玻璃的透光率普遍高于40%，目前的流行趋势又要求玻璃的室外反射率尽可能低以减轻光污染，这就使这个问题解决起来更加困难但并非无解。根据以往工程实践的经验，有以下两种解决方案。

（1）单片热反射镀膜玻璃搭配

窗部位用采用 Low-E 中空玻璃，窗间墙部位可选择颜色与 Low-E 玻璃相近，反射率相当的热反射镀膜玻璃搭配。这个方案具有局限性，仅适合与反射率大于20%的单银 Low-E 搭配，反射率越高搭配的效果越好，因为反射率低的单片镀膜玻璃仍不能遮蔽玻璃背面的建筑结构，即便玻璃背面配置暗色背板也难以达到颜色效果一致。图37 是采用这种搭配的成功案例，窗玻璃为反射率 30％、透光率 45％的单银 Low-中空玻璃，窗间墙玻璃为反射率 30％、透光率 16％的单片热反射镀膜玻璃。

图 37　窗间墙用单片镀膜玻璃与单银 Low-E 中空搭配的案例——南玻大厦

　　此外双银 Low-E 或三银 Low-E 的反射颜色或多或少会随着观察角度的改变而变化，但单银 Low-E 变化很小，热反射镀膜玻璃则基本上不会变化，这就造成了在挂大样板观察时从某个角度看颜色搭配基本相近，走动一段距离观察会看到镀膜玻璃颜色不变但双银 Low-E 颜色变了，可以预见竣工后甚至在原地不动看不同高度的玻璃颜色差异也不一样，因为视角变了。

　　(2) 彩釉玻璃配 Low-E 中空玻璃搭配

　　窗部位用采用 Low-E 中空玻璃，窗间墙部位采用 Low-E 加彩釉玻璃构成的中空玻璃，其中的彩釉玻璃应选择圆点状深灰色图案以模拟室内的灰度，这样外片相同的 Low-E 玻璃保持外观颜色、亮度的一致，内片彩釉玻璃模拟室内的灰暗度从而保持与室内色度相近，同时遮蔽内部的建筑结构。这个方案具有广泛的适用性，适合各种透光率、反射率的单银、双银、三银 Low-E，即便对透光率高、反射率低的玻璃也同样效果极佳。图 38 是中国首个采用这种搭配的成功案例，该 Low-E 中空玻璃的透光率为 55%、反射率为 15%，属于极难遮蔽视线的情况，其窗间墙内片彩釉玻璃采用覆盖率 40%、直径 10mm 深灰色圆点图案，照片显示该建筑的外观颜色整体一致性非常协调。

图 38　窗间墙用彩釉 Low-E 中空搭配的案例——中集科研楼

 ## 92. 玻璃采光顶的设计应关注哪些因素？

　　玻璃采光顶设计除考虑建筑结构设计外还应关注到玻璃结构如何配置、玻璃透光率控制在多少、太阳热能透过率限制到多少等因素，合理地处理这些问题会使采光顶的安全性更可靠、光感更合适、太阳照射的热感更舒适，以下就此分析有关因素并提出建议。

　　（1）典型的采光顶玻璃结构

　　典型的采光顶玻璃结构为夹层中空玻璃，外片（上片）玻璃应能承受风荷载、雨荷载、雪荷载、维修承重荷载和部分冲击动荷载，足够厚度的钢化玻璃可以满足要求；内片（下片）玻璃应具备破裂后自身不坠落不飞溅，同时能防止上片玻璃破裂后的碎片及其他重物穿透的功能，半钢化夹层玻璃是最佳选择，因为半钢化夹层玻璃破裂后仍具有残余刚度维持支撑，而钢化夹层玻璃有一片破碎后另一片也很难持续保持完整，一旦两片都破碎就变成了柔性面料，没有丝毫的残余刚度维持支撑，整体脱落的风险及脱落后造成的危害极大，因此应慎重选用。典型的玻璃结构如下：

Low-E钢化玻璃＋16A＋半钢化玻璃＋PVB＋半钢化玻璃

其中上片钢化玻璃的挠度必须小于下片的半钢化夹层玻璃，这是为了避免上片玻璃在荷载作用下弯曲过大压缩中空气体层甚至压迫到下片玻璃，中空气体层增大至16mm也基于这个考虑。应注意半钢化夹层玻璃的厚度看起来比单片钢化玻璃厚，但挠度未必小于单片钢化玻璃，应按夹层玻璃的等效厚度计算其挠度。

（2）合适的透光率

采光顶透光率选择不能仅凭直觉，我们对玻璃透光率的感知经验多来自立面窗玻璃，而窗玻璃仅面对半个天空的背景光源，但采光顶将面对整个天空的背景光源，因此安装在窗部位玻璃看起来透光率不高，一旦安装到采光顶会感觉到太透太亮，这就是光源照度增加一倍的结果造成的错觉。设计时注意，采光顶玻璃的透光率宁低勿高，控制在35％～45％是合适的，这个范围的透光率既不影响自然采光和看天空云彩又不至于光线刺眼，透光率再高竣工后就要加装遮光帘了。

（3）降低阳光照射的燥热感

这归结为遮阳的问题，前面已大篇幅讨论过如何有效阻挡太阳热辐射的问题，首先要选择遮阳系数低的Low-E玻璃，但仅此是远远不够的，还必须参考玻璃的太阳红外热能总透射比，因为它才能衡量我们真实感受到的太阳热辐射的多寡，这些参数控制在多少合适呢？笔者早年用基础办法做的试验结果可供参考，选择不同遮阳系数的热反射镀膜和单银Low-E玻璃，邀请多人直接在中午阳光照射下举着玻璃感受热辐射，此时的太阳辐射强度大约为 $1000\mathrm{W/m^2}$，太阳红外热辐射强度约为 $500\mathrm{W/m^2}$，将各人的感受汇集换算后可推断出人体热感与太阳热辐射强度值的联系。

试验结果显示人体接受的太阳辐射强度在 $100\sim200\mathrm{W/m^2}$ 时有微热感，小于 $100\mathrm{W/m^2}$ 后几乎感受不到热感，之所以数值范围这么大一是各人的感受有差异，二是未区分热反射镀膜与 Low-E 膜，现在知道这两类膜的太阳红外热能总透射比相差太大，根据现在已知的玻璃太阳红外热辐射透射比数值，可以反推出人体接受到的纯太阳热辐射强度（不含可见光）小于 $50\mathrm{W/m^2}$ 时可基本消除太阳直接照射的热不舒适感，据此采光顶选择各类 Low-E 玻璃的参数可以参考以下数据：

采用单银 Low-E 时，$S_c\leqslant0.3$，此时透过的太阳热辐射强度小于 $80\mathrm{W/m^2}$；

采用双银 Low-E 时，$S_c\leqslant0.38$，此时透过的太阳热辐射强度小于 $50\mathrm{W/m^2}$；

采用三银 Low-E 时，不论 S_c 值多少，透过的太阳热辐射强度都小于 $20\mathrm{W/m^2}$。

由此可见，采光顶选择双银或三银 Low-E 更为合适。

93. 哪些因素影响玻璃的外观平整度？采取什么措施可以优化？

这里所说玻璃的外观平整度仅针对已经安装好的幕墙玻璃或门窗玻璃。玻璃外观平整度的优劣对玻璃幕墙的整体外观效果影响极大，外观平整度好的玻璃幕墙给人以高档、庄重感，就像人穿了件挺体面的高档服装，外观平整度差的玻璃幕墙则像人穿了件皱皱巴巴的衣服。影响玻璃外观平整度的不仅是玻璃本身，还包括设计、安装和环境光影等因素，以下分析或能提供帮助。

（1）玻璃本身平整度的影响——玻璃越厚平整度越好

玻璃本身的平整度主要由浮法玻璃生产和钢化玻璃加工的质量决定，未钢化浮法玻璃的平整度远优于钢化玻璃，而钢化玻璃的平整度则取决于钢化设备和工艺。首先，高档钢化设备采用双室加热炉和特殊设计的吹风口，通过延长加热时间均衡玻璃温度和均匀吹风冷却降低玻璃的变形度，从而提升钢化玻璃的平整度，因此应选择好的钢化生产线。其次，同一条钢化生产线生产的钢化玻璃，玻璃越厚钢化变形度越小，如果摆开观察，8mm 优于 6mm，10mm 优于 8mm，12mm 优于 10mm 等，当厚度大于 15mm 后基本上很难仅靠平整度区分出是否钢化过，这说明玻璃越厚钢化加工对平整度的影响越小、玻璃越平整。

（2）季节温差对中空玻璃平整度的影响——采用非等厚中空玻璃结构

中空玻璃内部是密封的气体，夏季气体温度升高膨胀挤压玻璃外凸，冬季气体温度冷却收缩吸附玻璃内凹，这就是所谓的中空玻璃的凸凹肚现象。气体膨胀或收缩产生的正负压力有多大呢？

根据理想气体状态方程等容变化过程为：

$$P_0/T_0 = P/T$$

式中：P_0、P——分别为冬、夏季中空玻璃腔体内的气压，Pa；

　　　T_0、T——分别为冬、夏季中空玻璃腔体内的气体温度，K。

冬夏季产生的压力差为：

$$\Delta P = (\Delta T/T_0) \, P_0$$

由此可知当冬、夏季温差为 27℃时，ΔP 约为 P_0 的 10%，即十分之一个大气压或 10kPa，这个附加的压力足以造成玻璃凸凹变形，变形程度与构成中空两片玻璃的厚度、玻璃的几何形状、尺寸大小及中空玻璃边部密封胶的弹性等因素有关。为了解决这一问题可增加中空外片玻璃的厚度，即采用非等厚中空玻璃结构，因为平整度的视觉感主要由外片玻璃决定，内片较薄的玻璃更大的变形舒缓了压力作用，这样外片玻璃的变形就会减弱，外观平整度会有所改善。

（3）玻璃附框及安装的影响——玻璃越厚安装造成变形的影响越小

用于隐框幕墙的玻璃在工厂附框制成幕墙板块的过程对控制平整度非常重要，水平附框时玻璃中部因重力下坠而变形，结构胶固化后会形成永久变形，因此应采取措施保持附框过程中玻璃的平直状态。对于明框玻璃幕墙，固定玻璃压条的压力是否均匀对外观平整度影响非常巨大，采用扭力扳手紧固压条螺钉是降低玻璃边部变形的有效方法。无论何种幕墙形式，安装玻璃的过程都会带来玻璃的弯曲或扭曲变形，玻璃越厚刚度越强，同样外力作用产生的变形越小。

（4）环境光影的影响——视觉平整度

玻璃的平整度可分为客观平整度与视觉平整度，以上所讨论的三个因素均属于客观平整度的范畴，一定要认知到现实世界中不存在绝对平整的大面积镜面，我们看到的非常平整的面要么是非镜面材料面，例如铝板、瓷砖、墙面等漫反射材料面，要么是反射无影背景光的镜面，尽管镜面的客观平整度不一定好但视觉平整度或许非常好。影响幕墙玻璃外观平整度的是视觉平整度，环境光影是影响视觉平整度最重要的因素，这是因为无论客观平整度如何，如果在均匀天空背景下观察玻璃根本看不到玻璃变形，视觉平整度非常好，或者说玻璃的变形被隐藏了，图39是某工程顶部反射天空背景的照片，玻璃实际上存在变形但看起来平整度非常好。当在周边建筑物成为参照物的光影环境下观察时，玻璃反射出的影像会放大玻璃的变形，客观平整度未变但视觉平整度肯定会变差，这部分区域就属于该建筑的光敏感区，图40是同一工程略下部位的照片，可明显看出玻璃的变形，如果影像是直线的话变形会看得更加明显。

总结以上分析结果，改善幕墙玻璃平整度首先应提升玻璃的客观平整度，最简单有效的方法就是增加玻璃的厚度，即便采用非等厚中空玻璃结构也同样是玻璃越厚温差变形越小，客观平整度的改善自然

图 39　某工程顶部玻璃反射天空背景的照片

图 40　某工程略下部玻璃反射周边建筑物的照片

会惠及视觉平整度，因此玻璃厚是硬道理，尤其在周边建筑影像环境复杂的情况下至少应增加主立面玻璃或光敏感区玻璃的厚度，工程实践已证实了此方法有效性。

 ## 94. 海拔高度对中空玻璃有什么影响？

中空玻璃内部气体腔的压力与其生产地的大气压力一致，如果使用地的海拔高度与生产地域差别过大的话，则中空玻璃内外压力差过大导致玻璃凸凹变形，情况严重的会造成玻璃会破裂，那么海拔高度相差多少会造成玻璃严重变形或破裂呢？

大气压力随海拔高度增加而减小是因空气分子的密度在重力场中随高度变化造成的，可由气压公式表示：

$$P = P_o \exp(-\mu_g z/RT)$$

式中：P_o——地球表面的大气压力（$z=0$）；

μ——气体摩尔质量（气体分子量）；

g——重力加速度；

z——海拔高度，m；

R——普适气体恒量，$8.31 J/(mol \cdot K)$；

T——为绝对温标，K。

海拔高度增加 Δz，大气压力变化 ΔP，由此得出：

$$\Delta P/P = -\mu_g/RT \cdot \Delta z$$

空气是由氮气、氧气组成的混合气体（忽略氩气等含量极少的成分），含量比例为：氮气 76.9%、氧气 23.1%；分子量为：氧气 32、氮气 28。由此计算出空气的表观分子量 $\mu=28.9$，据此可得出近似等式：

$$\Delta P/P = -(1/8000) \cdot \Delta z$$

即海拔高度增加 800m，大气压力降低约 10%，中空玻璃内外压力差约为 10kPa，这个压力差与冬夏季温差产生的压力差相当，压力的强度仅能导致玻璃凸出变形尚不足以导致玻璃破裂。如果海拔高度增加到 1600m，大气压力降低约 20%，在这个压力下尺寸小的、未钢化的薄中空玻璃破裂的概率增大。当海拔高度增加到 2400m，压力差达到约 30kPa，这个压力会导致钢化中空玻璃严重变形，曾经发生过面积约 $1m^2$ 的 5mm 未钢化的中空玻璃被膨胀气体涨破的案例。

为了解决中空玻璃制造地与使用地海拔高度差过大带来的中空凸凹变形问题，在制造中空玻璃时插入专用的毛细管平衡内外气压，在运输到使用地待中空玻璃内外气压平衡后应及时用密封胶封堵毛细管，以防长时间裸露导致中空玻璃泄露失效。

95. 彩釉玻璃与背板组合使用时应注意什么？

彩釉玻璃与背板组合使用时应注意防止出现影像干涉现象。图案规则的点状或条状彩釉玻璃与浅色铝板平行装配使用时，彩釉玻璃为外立面（观察面），彩釉玻璃上的图案会在后片背板上投射出影像，此时观察者透过彩釉玻璃透明部位看到的是暗区还是亮区与视线角度有关，如果不存在背板则视线亮暗区应均匀分布如图 41 所示，如果存在背板则视线亮暗区重新分布，在某个视角看是亮区，视线偏移一点看又是暗区，造成原本均匀的亮暗视区重新分布如图 42 所示，以视线为中心向外扩散观察就会在彩釉玻璃面上看到明暗不规则分布的环形图案。当观察者移动时视线角度改变，视线亮区、暗区随之重新分布，看起来就像是环形图案跟着在移动，俗称出现鬼影了。图 43 是某工程遇到的此类现象的照片，彩釉玻璃上的图案为 5mm 宽的白色彩釉条间隔 5mm 排布，背面的浅灰色铝板距彩釉玻璃 50mm 配置，现场看到的就是这幅图案。

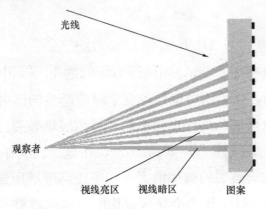

图 41　无背板（或玻璃）时视线明暗区均匀分布示意图

这种现象能不能避免？试想如果不存在背面的铝板就没有影像干扰，我们看到的只能是彩釉玻璃本身的图案，背面铝板上的投影是产

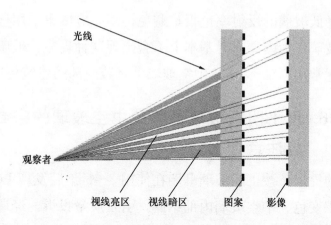

图 42　背板造成视线明暗区重新分布示意图

生此现象的罪魁祸首，如果能消除或减弱背面铝板上的投影就可解决
问题。为此可采用深灰色铝板使投射的影像被深灰色淹没或弱化，或
者拉开铝板与彩釉玻璃之间的距离使投影的影像虚化模糊，上述工程
采取这些措施后消除了影像干扰。

图 43　某工程白色条状彩釉玻璃与浅灰色铝背板组合产生干涉图案照片

若将铝板换成 Low-E 玻璃构成彩釉 Low-E 中空玻璃时，彩釉玻
璃作为外立面也会出现这种现象，对于玻璃来说解决问题的难度更

大，即便降低玻璃的反射率也很难避免，因此应慎重采用这种安装方式。彩釉玻璃作为内立面时基本上不会出现这种现象，玻璃幕墙的窗间墙部位就常用彩釉 Low-E 中空玻璃来遮蔽内部的建筑构造。

96. 用于明框玻璃幕墙的中空玻璃的密封胶厚度应注意什么？

问题的提出：竣工的玻璃幕墙在使用 3～5 年后发现 Low-E 中空玻璃大面积变色、中空玻璃内部结露，引发质量投诉。经调查幕墙设计施工单位根据《玻璃幕墙工程技术规范》（JGJ 102—2003）标准的规定"……明框玻璃幕墙用中空玻璃的二道密封宜采用聚硫类中空玻璃密封胶，……"设计中空玻璃，玻璃制造单位依据《中空玻璃》（GB/T 11944）标准的规定"中空玻璃外道密封胶厚度应≥7mm；"制造中空玻璃，幕墙施工安装也极为规范，现场也未发现玻璃破裂，是什么原因导致了问题的产生？

产生原因分析：造成 Low-E 中空玻璃泄露变色的根本原因是中空玻璃密封胶厚度不够，安装到幕墙上使用后夏季中空玻璃内部气体受热膨胀产生约 10kPa 的压力，这个压力同时作用到玻璃面板和边部密封胶上，7mm 厚聚硫密封胶的粘结强度和抗剪切力不足以保持间隔条不位移，因此玻璃边中间位置的间隔条被顶出玻璃边缘导致中空玻璃泄露，湿气进入中空玻璃内部引起 Low-E 膜腐蚀变色。这类案例已发生过多起，幕墙设计单位按规范设计不存在问题，玻璃制造单位按中空玻璃产品标准产生也不存在问题，幕墙建筑的业主更无责任，问题发生在标准不配套上。幕墙设计标准没有规定聚硫胶该打多厚，产品标准规定的密封胶厚度只考虑密封性能，结果粘结强度和抗剪切能力被忽略了，面对如今幕墙玻璃板块尺寸和玻璃厚度远大于十多年前的现实，这个问题更加突出，因为玻璃越厚越不易变形，这导致间隔条承受的压力越大，同时目前普遍采用的 Low-E 膜长期被湿气侵蚀会变色。

预防措施：

既然发生问题的根本原因是中空玻璃聚硫密封胶的厚度不够，那么增加密封胶的厚度就能解决问题，即便聚硫胶的粘结强度弱于结构胶，密封胶的厚度大于 10mm 也会大大降低附加压力造成的泄露风险，为了提高可靠性建议聚硫胶厚度增至 12mm。

 ## 97. 哪些因素会造成玻璃安装后破裂？

安装后的钢化玻璃可能面临以下因素的单独或综合作用，当这些作用力超出玻璃的承受强度时玻璃就会破裂，破裂的外观特征与钢化玻璃一致：

（1）边部挤压：安装间隙过小，玻璃热膨胀后与框挤压。

（2）热应力：在阳光的照射或其他热源作用下，玻璃中部与边部受热不均匀，在玻璃内部产生的热应力。

（3）安装附加应力：安装过程带来扭曲应力。

（4）边部强度降低：玻璃崩边、爆角等缺陷使玻璃边部应力集中，强度减弱。

（5）钢化玻璃内应力：硫化镍或其他硬质缺陷产生的内应力。

玻璃安装后非人为破裂并不等于钢化玻璃自爆，导致安装后破裂的因素有多种，钢化玻璃自爆是其中的主要因素。可以从玻璃破碎的状态分布作出大致的判断，破裂点位于玻璃中部且有"蝴蝶斑"（或称"牛眼"）的基本可判定属于自爆，破裂点发自玻璃边部的基本可判定属于边部缺陷引发的破裂。

 ## 98. 什么是玻璃热炸裂？怎么预防？

玻璃热炸裂：因玻璃不同部位的温度偏差大，热胀冷缩不均匀而导致玻璃破裂的现象。玻璃热炸裂的典型外观特征是：在玻璃边缘处裂缝与玻璃边缘呈直角，玻璃中区的裂痕为弧形而非直线，裂纹从边缘开始，一组裂纹与边部只有一个交点，起端与玻璃边缘垂直；在玻

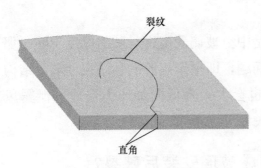

裂纹

直角

图 44　玻璃热应力炸裂的
典型裂纹示意

璃中区的破裂线多为弧形线，其后分成两支，无规则弯曲向外延伸；边缘处裂口整齐，断口无破碎崩边现象，图 44 是玻璃热应力炸裂后裂纹特点示意。

哪些玻璃容易产生热应力炸裂呢？实践证明未钢化的热反射镀膜玻璃、Low-E 玻璃、着色玻璃更容易产生热炸裂，因为玻璃是热的不良导体，在阳光照射下这些玻璃会吸收更多的太阳热能，使玻璃中部区域的温度明显升高，与玻璃处于铝框内部或被遮蔽部位的温度差增大，玻璃中区的热膨胀使玻璃边区产生强大的张应力，当张应力超过边部抗张强度时，就会导致玻璃热炸裂。有人可能会问，Low-E 玻璃不是反射热量的吗怎么也吸热？想想看如果没有 Low-E 膜太阳辐射就直接透过玻璃了，而位于玻璃背面的 Low-E 膜会把太阳辐射反射出去再次经过玻璃，这就像对玻璃二次加热。

如果采用未钢化的镀膜玻璃或未钢化的夹层 Low-E 玻璃，应按照《建筑玻璃应用技术规程》(JGJ 113) 进行热应力计算，当计算结果不能满足热应力设计要求时应将玻璃加工成钢化玻璃或半钢化玻璃以提高热稳定性，这样就可降低玻璃热应力炸裂的风险。

99. 玻璃的隔声性能如何衡量、怎样配置玻璃才能获得最佳隔声效果？

玻璃的隔声性能用计权隔声量 R_w 或传声级 STC (Sound Transmission Class) 衡量，单位是分贝 (dB)。我国标准采用 R_w，欧美标准多采用 STC，这两参数的数值略有差异，同一块玻璃的 STC 值等于或略低于 R_w，即提高 STC 值的难度更大。分析玻璃的隔声问题需要了解玻璃隔声性能服从的定律、人耳对声音的主观感知程度与计权隔声量的关系，之后才能合理配置玻璃结构获得最佳隔声效果。

（1）人耳朵对声音的感知度

人耳感知声波的频率范围在 20～16000Hz 之间，对声音的主观感知程度与计权隔声量值存在以下联系：

隔声量提高 10dB——听觉感知相差一倍，即感觉到噪声降低了一半；

隔声量提高 5dB——听觉可明显感知到有差别，无论听觉是否灵敏；

隔声量提高 3dB——听觉刚能感知到略有差别，耳背的人或感知不到；

隔声量提高 1dB——人耳几乎无法辨别。

这提示我们如果要提高玻璃的隔声效果计权隔声量 R_w 至少应提高约 3dB，如果要明显提高玻璃的隔声效果 R_w 至少应提高 5dB 以上，同时也提醒我们如无特殊要求不必追求 1dB 的差别，因为我们根本感知不到，且测量误差就有约 1dB。

（2）玻璃隔声服从的定律

玻璃的隔声量与玻璃的质量和声音的频率成对数函数关系，服从以下定律：

$$R = 20\lg M + 20\lg f - 47.2(\text{dB})$$

式中：R——玻璃的隔声量，dB；

　　　M——玻璃的单位面积质量，kg/m^2；

　　　f——入射声的频率，Hz。

其中与玻璃有关的仅是玻璃的质量，这说明当玻璃的尺寸确定后玻璃越厚隔声效果越好。

（3）提高玻璃隔声性能的措施

以上分析指出了采取有效措施提高玻璃隔声性能的方向，针对不同的玻璃可采取以下措施提高隔声量。

单片玻璃：可以增加玻璃厚度提高隔声量。

中空玻璃：除了增加玻璃厚度还可增加气体层厚度、充惰性气体 Ar 提高隔声量，因为声波在气体中是以纵向震动的机械波传播的，传播距离越长、气体分子量越大声波强度的损失就越大。

夹层玻璃：增加玻璃厚度以提高隔声量，试验证实增加 PVB 厚度贡献不大。

表 14 是常用玻璃的隔声参数，实测值由中国科学院声学计量测试站依据 ISO140-1、GBJ75-84 标准测得，计算值由 Stccalc 软件（由美国 Grozier Technical Systems and Pugh-Lilleen Associates 编制）得出，实测值与计算值略有差异，夹层玻璃差异较大仅供参考。

表 14　常用玻璃的计权隔声量 R_w 值

产品名称	玻璃结构	实测值 R_w（dB）	计算值 R_w（dB）
单片玻璃	6mm	26	—
	10mm	29	—
中空玻璃	6mm＋6A＋6mm	31	31
	6mm＋9A＋6mm	33	33
	6mm＋12A＋6mm	35	35
夹层玻璃	6mm＋1.14PVB＋6mm	35	39
	8mm＋1.52PVB＋8mm	36	40
夹层中空	（5mm＋0.38PVB＋5mm）＋9A＋6mm	37	40
双夹层中空	（6mm＋0.76＋6mm）＋12A＋（5mm＋0.76＋5mm）	—	41
	（8mm＋1.52＋8mm）＋12A＋（6mm＋1.52＋6mm）	—	43

（4）提高玻璃隔声性能的限制

要获得最佳的隔声性能必须综合利用玻璃厚度、中空气体层、夹层膜等各项的贡献，实践经验表明最佳的玻璃配置为：不等厚的夹层玻璃＋16Ar＋不等厚的夹层玻璃；考虑到经济性也可选择：不等厚的夹层玻璃＋16Ar＋不等厚的单片玻璃。构成复合结构玻璃中的各片玻璃厚度不相同为好，这样可避开玻璃的共振峰值。即便如此，对于玻璃而言 R_w 大于 40dB 后再提高难度非常大，提高到 45dB 玻璃将非常厚。

 ## 100. 如何设计玻璃预防结露？

结露多发生在北方冬季住宅室内的玻璃表面，及其他潮湿区域如卫生间、游泳馆的玻璃表面等，了解结露的过程及与结露有关的因素有助于预防玻璃结露的设计。

（1）结露的过程

空气中含有少量的水蒸气，其含量可用水蒸气压力 p 表示。空气中所含水蒸气的最大量值与空气的温度有关，高温空气比低温空气能含有更多的水蒸气。当空气中所含水蒸气量达到最大时就称这种空气为"饱和湿空气"，对应的压力称为"饱和水蒸气压力"，用符号 p_s 表示。相对湿度 R_h 就是水蒸气压力 p 与大气压力 P 的比值，与饱和水蒸气压力 p_s 对应的相对湿度为 100%。

若空气中水蒸气的绝对含量不变而空气的温度降低时，水蒸气压力 p 也随之降低，当温度降低到某一特定值 t_d 时有：$p＝p_s$，此时的湿空气成为饱和湿空气，若温度进一步降低则空气将不能容纳如此多的水蒸气，多余的水蒸气就会冷凝成液体水，这就是结露现象，此时的温度 t_d 称为露点温度或简称露点。因此，一定温度的空气所能含水蒸气的最大量也是一定的，即 p_s 是温度的单值函数，与之对应的温度 t_d 也是唯一的。换句话说，含有不同量水蒸气的空气必然对应着不同的露点温度，当空气的实际温度高于露点温度时相对湿度小于 100%，当空气的实际温度降低到露点温度以下时就会产生结露现象。

日常生活中常用空气温度 T 和相对湿度 R_h 表示空气环境，假如此环境中放置一个低于环境温度的物体，则当该物体的温度低至露点温度 t_d 时其表面就会产生结露现象，例如电冰箱的门、冬季玻璃窗室内表面的结露等。也就是说在给定空气温度 T 和相对湿度 R_h 的环境中，还存在一个唯一的露点温度 t_d，是否结露取决于物体表面的温度是否高于 t_d。这样我们的问题就归结为给定 T、R_h，计算出 t_d，并控制玻璃室内表面的温度不低于 t_d 从而避免结露现象发生。

（2）露点温度 t_d 的计算

露点温度的计算可由理想气体的有关定律得出，本书直接引用有关计算公式。

在以下给定的范围内：

空气温度 T：$0℃ < T < 60℃$

相对湿度 R_h：$1\% < R_h < 100\%$

露点温度 t_d：$0℃ < t_d < 50℃$

露点温度由下式确定：

$$t_d = \frac{b \cdot f(T, R_h)}{a - f(T, R_h)}$$

其中 $f(T, R_h)$ 是温度 T 和相对湿度 R_h 的函数：

$$f(T, R_h) = \frac{a \cdot T}{b + T} + \ln(R_h)$$

式中：常数 $a = 17.27$、$b = 237.7$（℃）；

给定室内环境的空气温度 T、相对湿度 R_h，即可由上式计算出该环境所对应的露点温度 t_d，不过需要在 Excel 表格中编制一个简单的计算程序完成计算，下面会介绍怎么编。

（3）判断玻璃是否结露

在给定室内空气温度 T 和湿度 R_h 的条件下，窗玻璃室内侧表面是否会结露取决于该玻璃室内表面的温度 t 是否低于露点温度 t_d，其中 t 不但与室内空气温度有关还与室外空气温度和玻璃的热阻值有关，而热阻又与玻璃的结构和品种有关。根据热平衡原理可得出 t 的计算公式如下：

$$t = T - \frac{T - T_\circ}{h_i \cdot R}$$

式中：t——玻璃室内侧表面温度，℃；

　　　T——室内空气温度，℃；

　　　$T_\circ$——室外空气温度，℃；

　　　h_i——室内对流换热系数，W/(m² · ℃)；

　　　R——玻璃的热阻，m²℃/W。

　　玻璃的热阻 R 与玻璃的品种、结构有关，还与测量的环境条件有关，理论上可通过测量获得，但实际应用中我们将面对各种不同的现实环境，分别测量显然是不现实的。实际上直接用 Window 软件就可计算出玻璃室内表面温度（见第 31 问的图 4），但这个温度是标准环境条件下的值。为了最大限度地与真实情况接近，可在 Window 软件中按真实环境条预设室内外环境温度、空气流速等参数，并计算出最接近真实情况的室内玻璃表面温度 t。比较玻璃室内表面温度 t 与计算得出的露点温度 t_d，若 t 高于 t_d 则不会结露，若 t 低于 t_d 则肯定结露。

　　玻璃的保温性能越好冬季玻璃表面的温度 t 越高，在相同的室内温湿度空气环境条件下玻璃的室内侧表面越不易结露，因此提高玻璃的保温性能是防止结露的重要手段。

　　（4）用 Excel 表格计算露点

　　首先打开 Excel 表并输入文字、数字，如图 45 所示。

　　其次点击"函数 f"的橙色栏输入计算公式，如果所建立的表格格式（行列位置）与图 45 完全一致，则在其中键入"=((C8 * C2)/(C9＋C2)＋LN(C3/100))"如图 46 所示，回车确认。

　　最后点击"露点温度 t_d"的橙色框输入计算公式，在其中键入"=C9 * C10/(C8－C10)"如图 47 所示，回车确认。

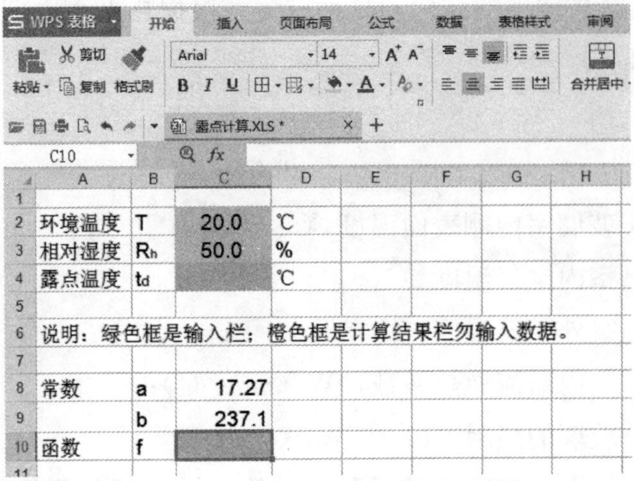

图 45　输入文字、数字的 Excel 表格截屏图

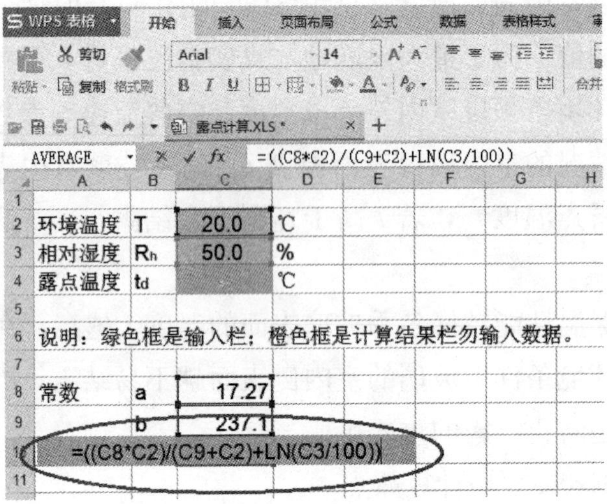

图 46　输入函数 f 计算公式的截屏图

　　恭喜你已经完成了编制，现在可以计算露点温度了，例如计算室内温度15℃、相对湿度60％时的露点温度，将15填入 T 栏回车、60填入 R_h 栏回车，即可得出露点温度 t_d 为 7.3℃，结果如图 48 所示。

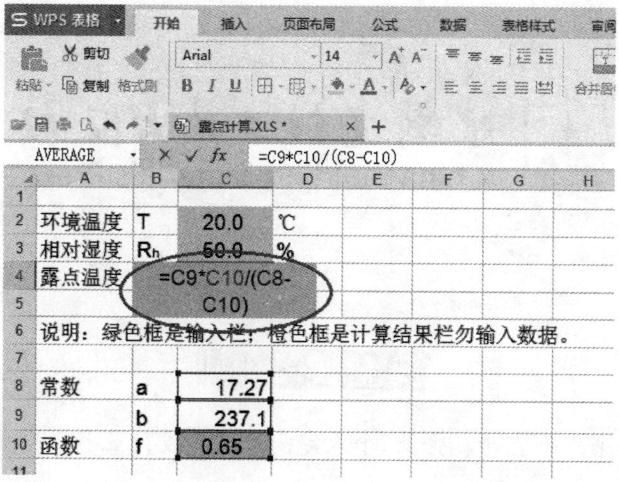

图 47　输入露点温度计算公式截屏图

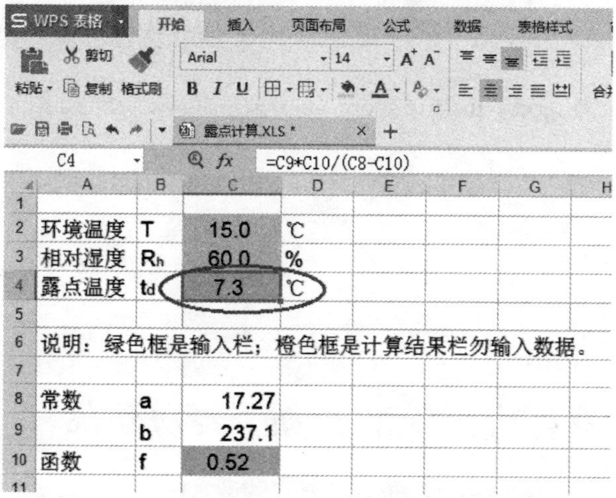

图 48　露点温度计算结果截屏图

中国建材工业出版社
China Building Materials Press

我们提供

图书出版、图书广告宣传、企业/个人定向出版、设计业务、企业内刊等外包、代选代购图书、团体用书、会议、培训，其他深度合作等优质高效服务。

编辑部
010-68342167

出版咨询
010-68343948

市场销售
010-68001605

门市销售
010-88386906

邮箱：jccbs-zbs@163.com　　网址：www.jccbs.com.cn

发展出版传媒　　服务经济建设

传播科技进步　　满足社会需求

浙江凯尚纳米科技有限公司

企业简介

浙江凯尚纳米科技有限公司是凯尚科技集团有限公司控股公司，依托集团公司研究院和世界前沿科技院所力量，打造纳米功能性材料的研发、生产、销售一体化平台；在塑料、橡胶、纤维等行业的创新功能性开发和性能测试方面以及在紫外防护、阻隔红外、防火阻燃、表面硬化、抗静电等方面均具有突出优势和多项知识产权。我公司致力于生产PC、PMMA、PET、PP、PE等多种功能化塑料线粒，拥有两条功能化塑料母粒生产线，两条宽幅自动化PC板材生产线；一条进口PVB高速自动化生产线；一条进口PET薄膜精密涂布生产线。

公司主要产品

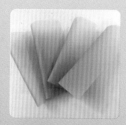

高效隔热PVB中间膜

本产品可完全取代普通PVB胶片，不仅保留普通夹胶玻璃安全、隔声、阻隔紫外线等原有特性，红外线阻隔率达90%以上，在达到同样节能效果的前提下，玻璃厚度及质量可以大幅减少。凯尚高效节能PVB胶片通过了国家科技部的科技技术成果认定和科学技术查新鉴定，是目前国内外可长期用于户外的高耐候隔热胶片。

高效节能PET隔热贴膜

本产品耐酸、耐磨、硬度高，粘贴在玻璃上可充分发挥纳米陶瓷技术的超高隔热性与透视性、超低反光率、无氧化、不屏蔽GPS信号等作用，具有优异的性价比。该产品可广泛用于存量房建筑玻璃节能改造及各类交通工具贴膜。

南京丁山花园大酒店建于古都南京的丁山之上，筑建于瑰丽的园林美景中，面积达50㎡以上。在使用凯尚产品节能产品后，酒店内环境舒适度明显提升，顾客满意度也随之提升。

凯尚科技集团
KAISAN TECHNOLOGY GROUP

地址：浙江天台县赤城街道八都工业园区
电话：0576-83937828　15968393927
网址：www.kaisan.com

丰富的颜色搭配
Your multiple color scheme

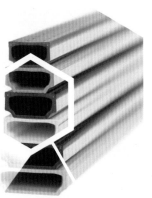

方便加工的暖边系列
Your easiest-processing warm-edge

门窗幕墙节能的合作伙伴
Your energy saving solution partner

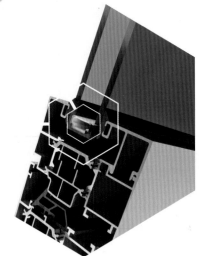

中空玻璃边部节能系统方案

GERMAN
TECHNOLOGY
德国技术

Thermally Improved Edge Bond
Solutions for Insulating Glass

泰诺风泰居安（苏州）隔热材料有限公司
地址：苏州市工业园区现代大道东青丘街283号 邮编：215024
电话：0512-62833188   传真：0512-62836388   网址：www.glassinsulation.cn